中国对外投资中的
环境保护政策

ENVIRONMENTAL POLICIES ON CHINA'S INVESTMENT OVERSEAS

葛察忠 夏友富 孔令红 李 丽
智颖飙 龙 凤 钟晓红 杨琦佳 等编著

中国环境科学出版社·北京

图书在版编目（CIP）数据

中国对外投资中的环境保护政策/葛察忠等编著．—北京：中国环境科学出版社，2010.6

ISBN 978-7-5111-0285-0

Ⅰ．①中…　Ⅱ．①葛…　Ⅲ．①对外投资—环境保护政策—研究—中国②对外援助—环境保护政策—研究—中国　Ⅳ．①X-012

中国版本图书馆 CIP 数据核字（2010）第 092089 号

责任编辑　丁　枚
封面设计　龙文视觉

出版发行　中国环境科学出版社
（100062　北京崇文区广渠门内大街 16 号）
网　　址：http://www.cesp.com.cn
联系电话：010-67112765（总编室）
发行热线：010-67125803
印　　刷　北京市联华印刷厂
经　　销　各地新华书店
版　　次　2010 年 6 月第 1 版
印　　次　2010 年 6 月第 1 次印刷
开　　本　787×1092　1/16
印　　张　12.5
字　　数　210 千字
定　　价　39.00 元

项目完成单位：

环境保护部环境规划院

全球环境研究所

对外经济贸易大学

项目资助单位：

美国布莱蒙德基金会

参加人员：

环境保护部环境规划院：王金南　葛察忠　钟晓红　杨琦佳

龙　凤　李　娜　高树婷　朱东海

田仁生　李晓亮　李红祥　李婕旦

全球环境研究所：金嘉满　智颖飙　孔令红　任　鹏

中国国际问题研究所：张利军

对外经济贸易大学：夏友富　李　丽　王孝乾　张　劲

中国进出口银行：杨振涛

序言

20 世纪 90 年代以来，中央提出实施“走出去”的开放战略，鼓励和支持具备条件的企业按照国际通行规则开展对外投资和经济合作，是中国为适应经济全球化发展趋势，实现经济和社会可持续发展而提出的一项重要发展战略。截止到2008年年底，中国企业境外投资存量大约1840亿美元，境外资产总额已超过10000亿美元，中国企业已成为国际上一个非常活跃的对外投资力量。

随着越来越多的企业进军海外，由企业经营开发活动产生的一些环境影响，也引起国际社会的广泛关注甚至争议。企业在通过对外投资实现自身发展的同时，也应考虑国家长远利益和总体利益，遵守东道国的法律法规，保护生态环境，尊重当地文化风俗，关心和支持当地社会民生事业。目前，我国对外投资和援助的地区主要集中在非洲和东南亚，油田和其他重要资源开采、加工组装类制造业及劳动密集型的建筑与服务行业是我国对外投资比较集中的行业。这些行业与当地环境关系密切，不加强环境方面的管理，很容易给当地带来一定的环境问题。随着各国政府对于环境保护和自然资源合理利用关注度的逐渐提高，以及公众环境参与意识的逐渐觉醒，企业将会面临越来越大的环保压力。

党的十七大报告提出建设“生态文明”，号召世界各国“应在环保上相互帮助、协力推进，共同呵护人类赖以生存的家园”，对外投资援助中的环境保护工作是我国建设生态文明与和谐社会的重要延伸和组成部分。面对当今对外投资中出现的环境保护问题，我们要以全球视野观察分析，用发展眼光把握处理，从战略层面谋划解决，实现生态文明与世界和谐。对外投资不是零和游戏，必须坚持互利“共赢”、共同发展的原则，鼓励企业在努力寻找商机、追求投资收益的同时还应积极承担社会责任，促进社会效益和经济效益协调增长。近年来，中国有关部门相继出台了一系列相关政策，引导规范企业对外投资行为。2006 年 10 月，国务院发布条例，敦促中国企业在海外“注意环境资源保护”和“维持当地社会和人民生计”。2007 年和 2009 年，国家林业局和商务部联合先后发布了《中国企业境外可持续森林培育指南》和《中国企业境外可持续经营利用指南》，开创首个企业境外从事森林培育活动的行业指导规范之先河，这些规定和指南的出台，有利于促进和规范海外企业投资经营行业，维护中国“负责任大国”的承诺。

尽管如此，企业仍然缺乏全面的、专业的海外投资环境政策指南和规范。银行业对外信贷业务发展迅速，但很少将环境问题纳入其信贷管理和风险管理之中，金融机构普遍缺乏环境保护和环境政策方面的共识和做法，导致环境风险不能得到有效控制。因此，环保部门有必要根据对外投资和信贷的特点，研究推出专门的环保指南，根据项目生命周期，采取环境影响评价、环境规划、社区发展等手段，将环境保护理念和可持续发展战略体现在项目全过程中，以更具体、规范地指导中国企业的海外投资合作行为，从而最大限度地规避环境风险，实现对外投资和保护当地环境“双赢”。

环境保护部环境规划院、对外经济贸易大学和全球环境研究所等单位抓住了中国企业“走出去”过程中的环境风险这一重要课题，综述了全球对外投资中的环境管理发展，较为全面地分析了中国对外投资和援助中的环境行为及政策，研究了中国对外信贷中的环境保护政策的可行性，从对外投资、对外援助和对外信贷三方面提出了切实可行的环境保护政策建议，具有一定的理论探索和现实指导意义。

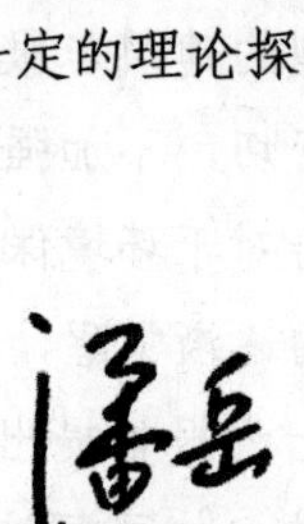

环境保护部副部长

2010 年 2 月 24 日

前言

随着中国经济的迅猛增长，中国在世界之中的经济地位迅速崛起，中国经济的影响力与日俱增。中国对外投资也进入快速的增长期，总规模不断扩大，投资国别和结构呈多元化发展趋势。与此同时，中国对外援助自 20 世纪 50 年代初实施以来，呈阶段性增长的特点，规模日益扩大和覆盖的领域不断增加，在帮助受援国社会经济发展、技术提升和消除贫困等方面发挥了积极的作用。随着我国对外投资和援助的增加，中国银行业的对外信贷规模也呈增长趋势。然而，近些年西方舆论对中国向东南亚、非洲和南美等地区投资活动过分关注，“中国环境威胁论”甚嚣尘上，虽然在一定程度上反映了个别企业在“走出去”的过程中确实给环境带来了一些负面影响，但是总体却与事实并不相符，个别媒体还存在恶意歪曲中国形象的嫌疑。

中国目前对外投资和对外援助的管理制度已经形成，但是相关的法律法规和政策仍有待完善，特别是对外投资和援助中的环境保护政策还很欠缺，已有的少数环境相关政策在操作和执行层面仍有待加强，这些都是亟待解决的。为了进一步保证中国对外投资和援助的顺利发展，保证与所在国家和地区长期的资源共用、利益共享和永续发展，为和平发展的中国树立积极正面的形象，需要把环境保护置于对外经济合作中的战略位置，把加强环境保护作为促进对外经济合作和转变经济合作思路的重要手段。

为此，由环境保护部环境规划院和全球环境研究所共同提出，并在全球环境研究所资助下，开展了“中国对外投资和援助环境保护政策”研究。本书基于该项目研究成果，从维护中国良好的国际形象、提升国家软实力、促进东道国可持续发展、创建和谐世界的理念出发，对中国对外投资和援助中存在的环境问题或潜在环境风险进行归纳和反思，同时借鉴国际组织的海外投资管理先进经验，提出促进我国对外投资和援助环境管理及银行对外信贷绿色化的政策建议和操作指南，以推动中国对外援助和投资的可持续发展，实现绿色全球化。本书主要内容包括：

第1章介绍了经济全球化这一不可逆转的趋势以及在这一背景下中国的对外开放，并分析了经济与可持续发展的关系以及其理论基础。第2章介绍了“走出去”战略实施后，中国对外投资的发展状况，分析我国对外投资的结构特性（资金流量、投资国别、投资领域）、管理体制与相关政策，并通过媒体/文献检索、舆论分析等方法，归纳和探讨中国对外投资所遇到的环境保护问题。第3章回顾了我国对外援助现状，包括发展历程、特点和管理体制，分析了中国对外援助的环境保护政策、措施及存在问题。第4章详细介绍了中国银行业对外信贷现状及环境管理，并系统总结了国际上有关绿色信贷的实践和经验，为改进中国对外信贷的环境管理提供借鉴。第5章对环保相关的国际公约和先进环境管理手段进行了详细的归纳和分析。基于以上分析结果，第6章分别从对外投资、对外援助和对外信贷三方面提出了切实可行的环境保护政策建议，并呼吁国家应尽快制定和出台中国对外投资、对外援助和金融信贷方面的环境行为指南和指导意见。附录中包含草拟的《关于加强我国对外投资和援助中环境管理工作的指导意见》和《中国对外投资企业环境行为指南》。

本书对于正确认识中国“走出去”过程中的环境风险并积极采取应对措施具有重要意义，并为下一步开展指南示范工作提供基础。本书可供政府相关部门参考，也可供关注相关领域问题的人士参阅。衷心感谢在本书编写过程中给予帮助的人。特别感谢环境保护部政策法规司杨朝飞司长，政策处燕娥处长，环境保护部环境与经济政策研究中心原庆丹副主任，商务部对外援助司有关领导，中国进出口银行于海平处长、杨振涛副处长，北京大学李安山教授，对外经贸大学卢进勇教授，中国现代国际关系研究院曾强研究员，美国布莱蒙德基金会张冀强博士等对项目的实施给予的指导和建议。

由于时间仓促以及编者水平有限，本书可能存在许多疏漏之处，一些领域尚待作进一步深入研究，不足之处敬请读者批评指正。

目录

第 1 章　经济全球化与可持续发展

经济全球化是当今世界经济发展的趋势。可持续发展是对片面追求经济增长速度的修正，也是世界各国共同的追求。本章概述经济全球化与可持续发展，概要回顾中国对外开放与可持续发展，简要介绍经济发展与环境保护理论。

1.1 经济全球化与可持续发展

1.1.1 世界经济形势——不可逆转的全球化趋势

全球化自“二战”结束后开始而在 20 世纪 80 年代中期加速。20 世纪 90 年代以来，贸易全球化发展更加迅速。贸易总量年均增长率6.5%；贸易内容不断丰富，高新技术产品贸易快速增长；各国间经贸联系紧密，1995 年以前，全球外贸依存度在 40%左右，此后 11 年内迅速提高到 60%左右，世界各国或各地区经济都不同程度地融入其中。贸易全球化指随着科学技术的发展和各国对外开放程度的提高，流通领域中国际交换的范围、规模、程度得到增强。贸易全球化的前提是技术的全球扩散。在国际分工发展的基础上，跨国公司将一些成熟的技术和关联性技术扩散到世界各地，加强了各国之间的经济联系，从而引发了世界范围内产业结构的调整，产业在各国之间进行梯度转移。发达资本主义国家之间通过跨国公司的交叉投资、企业兼并等，在更大的经济规模上配置资源，开拓市场，更新技术，实现产业结构的优化和升级，并把技术较为陈旧、科技含量较低的产业转移到发展中国家。

随着“世贸”规则的制定和完善及全球贸易保护壁垒的消除，全球经济逐渐呈现了自由化趋势。发达国家纷纷将其制造业转移到发展中国家，那里劳动力和自然资源等生产资料成本较低，产品获利性较高；同时发展中国家为了获得发达国家投资，也纷纷出台了一些优惠政策，促进了发达国家投资向政策优惠地区流入的现象。目前，不仅发达国家有些商品是从遥远的发展中国家获得的，而且发达国家企业的供应链也覆盖全球。

经济全球化带动了外国直接投资的增加。近 20 年来，全球外国直接投资（FDI）呈高速增长态势。根据联合国贸易与发展会议出版的《2009 世界投资报告》，2008 年，全球对外直接投资量达到 18577 亿美元，直接投资存量达到 16.21 万亿美元。

发达国家和地区不仅是外国直接投资流出的主角，也是外国直接投资流入的主角。2008 年，发达国家对外直接投资达 15065 亿美元，美国依然是全球最大的外国直接投资来源国，高达 3118 亿美元；流入发达国家的外国直接投资达 9623 亿美元。美国仍然是最大的接受国（3161 亿美元），其次是法国、英国、西班牙和比利时。发展中国家在全球外国直接投资中的地位亦越来越重要。流入发展中国家的外国直接投资达到空前的水平，为 6207 亿美元，比 2006 年增长了 43.1%。亚洲和大洋洲占流向发展中国家的外国直接投资总额的一半，但拉丁美洲和加勒比海地区的增幅最大。最不发达国家在 2008 年吸引了 330 亿美元的外国直接投资——这也是有史以来最高的纪录。发展中国家作为外国直接投资的来源地也变得越来越重要，其流出量达到了 2927 亿美元的峰值，主要原因是亚洲的跨国公司积极对外拓展业务。发展中国家和地区以及转型期经济体对外直接投资的三个最大来源地是中国、中国香港和俄罗斯联邦。

全球外国直接投资的迅速发展，表明了经济全球和金融全球化的不断深化。全球对外直接投资的迅猛发展，不仅意味着世界已从过去的贸易市场一体化，发展到金融一体化、市场一体化和生产一体化阶段，世界经济结构、产业结构、资源配置方式和经济增长方式也随之发生着急剧变化，传统上的“国界”对经济分割和屏蔽作用不断弱化，整个人类的生产效率获得了提高。

1.1.2 经济全球化与可持续发展

近百年来，特别是“二战”后的几十年里，随着工业化步伐的加快，人类开发资源手段之先进，能力之巨大，是前所未有的。当今人类已经成为一种超越自然的巨大力量，开发利用自然资源的范围，由地表向地球深层和太空扩展，由陆地向近海和远洋扩展。现在全球每年开采各种矿产 150 亿吨以上，包括废石约 1000 亿吨；人类的农业活动每年可移动 3000 立方公里的物质，农业用水 22901 亿立方米，占总用水量的 80%；人类每年从海洋中的捕鱼量约 1 亿吨。

由于人口的不断增加，资源消耗量的不断增大，加上交通、通信事业的飞速发展，宇宙空间相对缩小，人类生产活动和社会活动的范围不断扩大，因此，资源开发利用突破了区域界限和国界，资源配置向全球化发展。由此而引起了一系列的全球性问题：

一是全球性环境问题。由于人类活动的影响，特别是人类的工业活动与地球各个圈层（大气圈、水圈、生物圈）相互作用而产生的影响，引发整个地球表层的环境问题，如由于化石燃料的大量消耗而导致的温室效应所引起的全球变暖，会使极地的冰盖融化，导致海平面上升，使得一些海拔较低，土地肥沃的河流三角洲被海水淹没，同时还会引起海水倒灌，污染地下水源等。与温室气体增加相关的还有臭氧层的破坏等。

二是全球普遍存在的区域环境问题。由于资源的不合理利用所造成的土地退化、森林滥伐、生物多样性的损失等，它们的累计效应足以影响全球。如由于土地不合理利用而造成受沙化影响的土地总面积为 20 亿公顷；全球受水土流失和干旱危害的土地达 26 亿公顷；人类对森林的乱砍滥伐导致大量的物种绝灭，仅在热带森林中每天至少就有一种物种正在消失。目前，人类消费资源（地球自然系统所提供服务的基础）的速度超出了资源更新的速度。已有的研究表明，1970—2005 年，人类就丧失了近 1/3 的地球生态资源。全球生态足迹已经超出地球承载力的 30%。但全球 75%的人口生活在资源消费超出其生物承载力的生态负债国。1970—2005 年陆地脊椎动物平均减少了 33%。2005 年为 887 个陆地物种 2007 个种群；海洋生命地球指数整体平均减少了 14%。2005 年为 341 个海洋物种 1175 个种群；内陆水域的物种种群平均下降了 35%。2005 年为 458 个物种 1463 个种群。同时，区域间资源禀赋格局与生态足迹存在明显地区分异。各国资源禀赋格局引发的国家之间贸易足迹约占人类总生态足迹从 1961 年的 8% 上升到 2005 年的 40%。生态债务国和生态债权国都越来越依赖于他国的生物承载力，用以支撑本国的消费模式与偏好（WWF，2008）。

三是在全球化过程中，发展中国家经济增长和可持续发展的矛盾会日益尖锐。发达国家主要发展知识密集型的高新技术产业和服务业，而把劳动和资源密集型的产业向发展中国家转移。发展中国家的经济发展和高新技术相对落后，不得不以消耗稀缺自然资源尤其是化石能源和污染环境为代价，参与国际竞争，争取“后发效应”和“后发优势”。2003 年生态足迹总量排名前 10 位的国家生态可持续性强弱排序为巴西、俄罗斯、墨西哥、法国、中国、印度、美国、德国、英国、日本；人均生态足迹排名前 10 位的国家排序为新西兰、芬兰、澳大利亚、加拿大、瑞典、丹麦、爱沙尼亚、美国、阿联酋、科威特；全球七个地区排序为拉丁美洲和加勒比海地区、非洲、北美、亚太区、欧洲联盟、中东和中亚。到 2005 年，美国是最大的生态足迹出口国和进口国。虽然我国的人均生态足迹比欧盟低得多，但中国和欧盟消费资源的速度都是其生物承载力生产速度的 2 倍以上。2005 年，中国的足迹贸易的逆差为 1.65 亿公顷，超过德国或玻利维亚的总生物承载力（WWF 2008；中国环境与发展国际合作委员会，世界自然基金会，2008）。

在全球化背景下，日趋激烈的综合国力竞争，主要体现在自然资源的争夺上，这实际上是一场没有硝烟的战争。这场战争的结果，将会进一步强化西方发达国家在高新科技领域的垄断地位，进一步加剧发展中国家的环境污染和生态环境的破坏，影响发展中国家的可持续发展。因此，建立全球、国际和区域性约束制度，以实现生态不超载的长期目标刻不容缓。

1.2 中国对外开放与可持续发展

自 1978 年中国实施改革开放以来，中国经济高速发展，对外贸易不断扩大。随着国民经济实力的不断增强，1996 年中国提出了“走出去”战略。这是 20 世纪 90 年代中期党中央在深刻分析国际国内政治经济形势的基础上做出的关系我国经济社会发展全局和长远发展的重大战略决策。该战略的提出经历了萌芽酝酿、正式提出、丰富发展三个阶段。提出并实施“走出去”战略，是我国面临国际国内新形势下更好地利用国际国内两个市场、两种资源的必然选择，是应对经济全球化挑战、提高我国经济实力和国际竞争力的必然选择。其战略意义在于有利于我国在更广阔的空间里进行经济结构调整和资源优化配置，更好地从全球获取资金、技术、市场、战略资源，拓展我国经济发展空间，提升我国经济的国际竞争力，增强我国经济发展的动力和后劲，促进我国经济的长远发展。与此同时，经济发展和改革开放所带来的环境问题也在逐渐增多，并成为制约经济发展和开放的重要因素。在全球可持续发展的浪潮下，如何做到合理安排使得对外开放、投资和援助与可持续发展理念融为一体，成为在新的国际形势和环境形势下迫切需要解决的课题。

1.2.1 对外开放与经济发展

1978 年，我国国内生产总值只有 3645 亿元，在世界主要国家中位居第 10 位。人均国民总收入仅 190 美元，位居全世界最不发达的低收入国家行列。改革开放后，30 年间经济实现世界少有的年均 9.8%的增长速度。1979—2007 年，国内生产总值年均实际增长 9.8%，不仅明显高于 1953—1978 年平均增长 6.1%的速度，而且也大大高于同期世界经济年平均增长 3.0%的速度。中国和世界的年经济增长率变化见表 1-1。

表 1-1 中国和世界年经济增长率变化 单位：%

年度	中国	世界	发达国家	发展中国家
1981—1990（平均）	9.0	2.9	3.0	2.3
1991—2001（平均）	10.3	3.1	2.6	4.8
2002	9.1	1.9	1.3	3.9
2003	10.0	2.7	1.9	5.4
2004	10.1	4.0	3.0	7.2
2005	10.4	3.4	2.4	6.6
2006	11.1	2.9	2.8	7.1
2007	11.4	3.8	2.5	7.3
2008	10.0	2.9	1.6	6.4

数据来源：《Trade and Development Report》年度系列报告，联合国

经济的快速增长使经济总量呈现加速扩张态势。国内生产总值由 1978 年的 3645 亿元迅速跃升至 2007 年的 249530 亿元。其中，从 1978 年上升到 1986 年的 1 万亿元用了 8 年时间，上升到 1991 年的 2 万亿元用了 5 年时间，此后 10 年到 2001 年平均每年上升近 1 万亿元，2001 年超过 10 万亿元大关，2002—2006 年进入高速增长期，平均每年上升 2 万亿元，2006 年超过 20 万亿元，在此基础上，

2007 年一年又增加 3.76 万亿元。2008 年，我国国内生产总值（GDP）达 30.067 万亿元，同比增长 9%

人均国内生产总值也在成倍增加。人均国内生产总值在由 1978 年的 381 元上升到 1987 年的 1112 元后，1992 年达到 2311 元，2003 年超过万元大关，达到 10542 元，到 2007 年又迅速攀升至 18934 元，扣除价格因素，2007 年比 1978 年增长近 10 倍，年均增长 8.6%。

改革开放给中国带来了巨大的对外贸易改善。改革开放前，中国基本上处在封闭半封闭状态，对外贸易规模较小，1978 年进出口总额只有 200 多亿美元，利用外资基本是空白。2002 年以来，进出口进入高速增长时期，连续 6 年实现 20%以上的增长，在 2004 年超过 1 万亿美元后，仅用三年时间就实现了从 1 万亿到 2 万亿美元的突破。2008 年进出口贸易额达到 25616 亿美元，比上年增长 17.8%。中国出口仅次于德国而位居世界第二，占世界出口总额的 8.9%；中国进口仅次于美国和德国而居世界第三，占世界进口总额的 6.9%。

表 1-2 中国近年货物进出口情况 单位：亿美元

	2003	2004	2005	2006	2007	2008
货物进出口总额	8509.9	11545.5	14219.1	17604	21737.260	25616.3
出口总额	4382.3	5933.2	7619.5	9689.4	12177.760	14285.5
初级产品	348.1	405.5	490.4	529.2	615.091	
工业制成品	4034.2	5527.7	7129.2	9160.2	11562.67	
进口总额	4127.6	5612.3	6599.5	7914.6	9559.503	11330.9
初级产品	727.6	1172.7	1477.1	1871.3	2430.854	
工业制成品	3400	4439.6	5122.4	6043.3	7128.648	
进出口差额	254.7	320.9	1020	1774.8	2618.255	2954.6

数据来源：《中国统计年鉴 2009》

中国利用外资成绩斐然。经历了 30 年的发展，外资已成为我国经济建设的一支重要力量，对推动中国经济与社会的可持续发展发挥着不可或缺的作用。中国的对外投资也从无到有，发展迅速。为更好地利用国外资源，进入新世纪，随着国家“走出去”战略的付诸实施，对外投资也出现了强劲的增长势头。2003—2008 年，对外直接投资额（非金融部分）分别为 29 亿美元、55 亿美元、123 亿美元、176 亿美元、187 亿美元和 418.6 亿美元。2008 年对外直接投资（非金融）同比增长 68.5%，境外企业销售收入 5343 亿美元，同比增长 58.3%。

全球化和贸易自由化政策鼓励中国企业增加海外投资，开辟新市场以帮助中国扩大进口，并使进口需求多样化，尤其是食物和原材料。自 2000 年以来，中国的海外投资主要领域包括：石油和天然气开采（例如：印度尼西亚、阿尔及利亚、哈萨克斯坦、苏丹），发电（例如：阿尔及利亚、柬埔寨、尼日利亚、缅甸、老挝、印度尼西亚），电信（例如：美国），钢（例如：澳洲），开辟新航线（例如：柬埔寨）以及林产品（例如：加蓬、马来西亚、印度尼西亚、俄罗斯）（OECD，2007）。

1.2.2 对外开放下的可持续发展

随着对外开放和经济发展，中国国内的环境质量也在面临压力。根据 2008 年中国环境状况公报显示，地表水污染形势依然严峻，七大水系总体为中度污染，湖泊富营养化问题突出，近岸海域总体为轻度污染。城市空气质量总体良好，但部分城市污染仍较重，酸雨分布区域保持稳定。近年中国主要的污染物排放变化情况见表 1-3、表 1-4、表 1-5。2008 年中国废水排放量比上年增长 2.7%，化学需氧量（COD）比上年下降 4.4%，氨氮排放量比上年下降 4.0%。从数据来看，中国的环境保护仍是研究的重点课题，尤其是水污染问题。

表 1-3　全国废水及其主要污染物排放量年际对比

年度	废水排放量（亿吨）			COD 排放量（万吨）			氨氮排放量（万吨）		
	合计	工业	生活	合计	工业	生活	合计	工业	生活
2001	433.0	202.7	230.3	1404.8	607.5	797.3	125.2	41.3	83.9
2002	439.5	207.2	232.3	1366.9	584.0	782.9	128.8	42.1	86.7
2003	460.0	212.4	247.6	1333.6	511.9	821.7	129.7	40.4	89.3
2004	482.4	221.1	261.3	1339.2	509.7	829.5	133.0	42.2	90.8
2005	524.5	243.1	281.4	1414.2	554.7	859.4	149.8	52.5	97.3
2006	536.8	240.2	296.6	1428.2	542.3	885.9	141.3	42.5	98.8
2007	556.8	246.6	310.2	1381.8	511.0	870.8	132.4	34.1	98.3
2008	572	241.9	330.1	1320.7	457.6	863.1	127	29.7	97.3

数据来源：根据历年《中国环境状况公报》（2001 年至 2008 年）统计整理

表 1-4　全国工业废水中其他有毒有害污染物排放量年际对比　单位：吨

年度	汞	镉	六价铬	铅	砷
2001	5.6	110.5	121.4	489.9	408.4
2002	4.8	105.6	111.1	484.8	346.2
2003	5.5	84.5	103.1	568.5	373.7
2004	3.0	56.3	150.8	366.2	306.1
2005	2.7	62.1	105.6	378.3	453.2
2006	2.6	49.4	96.4	339.1	245.2
2007	1.2	39.3	69.0	319.7	187.4
2008	1.4	39.5	75.3	240.9	215.0

数据来源：根据历年《中国环境状况公报》（2001 年至 2008 年）统计整理

表 1-5　全国近年废气中主要污染物排放量　单位：万吨

年度	二氧化硫			烟尘			工业粉尘	氮氧化物		
	合计	工业	生活	合计	工业	生活		合计	工业	生活
2001	1947.8	1566.6	381.2	1069.8	851.9	217.9	990.6	—	—	—
2002	1926.6	1562.0	364.6	1012.7	804.2	208.5	941.0	—	—	—
2003	2158.7	1791.4	367.3	1048.7	846.2	202.5	1021.0	—	—	—
2004	2254.9	1891.4	363.5	1094.9	886.5	208.4	904.8	—	—	—
2005	2549.3	2168.4	380.9	1182.5	948.9	233.6	911.2	—	—	—
2006	2588.8	2237.6	351.2	1088.8	864.5	224.3	808.4	1523.8	1136.0	387.8
2007	2468.1	2140.0	328.1	986.6	771.1	215.5	698.7	1643.4	1261.3	382.0
2008	2321.2	1991.3	329.9	901.6	670.7	230.9	584.9	—	—	—

注：我国从 2006 年开始统计氮氧化物排放量，生活排放量中含交通源排放的氮氧化物

数据来源：根据历年《中国环境状况公报》（2001 年至 2008 年）统计整理

当前国内严峻的环境形势有一部分来源于开放所带来的压力。根据环境保护部 WTO 贸易与环境项目组初步研究（胡涛等，2008）表明：虽然中国对外贸易价值量为顺差但资源环境却在产生“逆差”。项目组运用国务院发展研究中心的 DRC-CGE 模型计算结果表明：中国“十五”期间污染物排放量中，如果忽略生产结构与贸易结构的差异性，中国“十五”期间每年对外贸易造成的 SO_2“逆差”约为 150 万吨，占中国每年 SO_2 排放总量的近 6%。如果考虑生产结构与贸易结构的差异性，由于贸易增速远高于生产增速，因而，由外贸拉动的 SO_2“逆

差”将更高。初步计算结果表明：在“十五”期间，中国 SO_2 高中污染行业产品的出口约占总出口额的 40%，COD 高中污染行业产品的出口占总出口额的 44%。

中国的环境污染对人体健康造成的影响受到广泛的关注。例如，卫生部把在 2001—2003 年记录的 25%的出生缺陷归因于环境污染。中国工业化和城市化的飞速发展也与不断增长的疾病和慢性病相联系起来，慢性病中包括与空气和水污染相关的癌症等，与环境污染相关的经济损失也很大。中国正从东部地区向中部和西部地区转移的初级产品生产增加了中西部贫困地区的健康风险。

中国“走出去”战略面临着复杂的国际环境形势。一方面，国际社会的环境要求越来越高。我国商务部于 2005 年发布的《境外投资开办企业核准工作细则》中有关于环境条款的规定，但由于中国企业缺乏全面的海外投资环境政策指引和规范、中国海外投资法律的不健全以及管理的相对薄弱，导致一些中国的跨国公司（如采矿、石油和水电等企业）在其海外业务中被批评无视工人、当地社会和环境的利益，受到国外媒体和 NGO 的指责。甚至出现了“中国环境威胁论”等有失公正的观点。另一方面，走出去的很多企业在企业决策中未把环境因素真正考虑进来，导致企业走出去后面临着巨大的环境风险。据安邦集团一份研究报告显示，环境风险是收购海外矿产资源时容易忽视的陷阱。

中国政府充分认识到开放条件下环境问题的重要性，正在向更加均衡的发展模式迈进，提出了“和谐社会”、“和谐世界”和“科学发展观”的理念，从国际角度来审视和解决环境问题。当前，区域间环境问题的相互依赖与联系（如跨界的空气和水问题、区域海洋污染问题和荒漠化问题）和全球化背景下国家间经济发展的相互依赖，都是解决环境问题需要关注的重要方面。中国经济的快速发展带来的环境压力和对能源、资源的需求，在这样的背景下，建设资源节约型、环境友好型社会，走对外开放条件下的可持续发展之路就尤为重要。

1.3 经济发展和环境保护理论

本节从经济与环境的关系角度入手，就对外投资问题涉及的环境与环境效应基本经济特征和主要理论做一归纳和评析。

1.3.1 经济发展理论

（1）产业结构阶段理论

该学说认为，产业结构与环境污染有密切联系。经济与合作发展组织研究员奥康纳通过分析东亚国家工业部门的结构变化，描述了各个产业的污染密集度的大体倾向。他认为东亚国家工业发展和环境污染的程度分为三个阶段。第一阶段是轻工业阶段，主要是食品、纺织、服装、饮料等轻工业的发展。一般来说这些产业的污染密集度较低，环境污染较轻。第二阶段是重工业阶段，主要是金属、石油化工、非金属矿物（如水泥、玻璃等）中间产品的发展。这个阶段，污染变得严重起来，大气污染成为严重的环境问题，有毒化学物质和重金属引起的中毒问题也日益严重。第三阶段是电子工业阶段，产业结构高度化。主导部门是电气、电子机械、普通机械、运输机械。主要环境问题是有害废弃物的污染，总体上污染有所缓和。

（2）边际产业扩张理论

小岛清（Kojima，1973，1978）的"边际产业扩张理论"，是建立在日本跨国公司对外投资实践基础上，将国际贸易理论的标准赫克谢尔-俄林资源禀赋差异导致的比较优势差异引入了国际投资理论。该理论认为，国际分工原则和比较成本原则是一致的，国际分工既能解释对外贸易，也能解释对外投资，对外投资应根据比较利益的原则进行。其核心内容是：对外直接投资应该从母国（投资国）已经处于或即将处于比较劣势的产业（即边际产业）依次进行（李辉，2008）。这一理论实质上等于直接主张以直接投资形式转移污染密集产业。

小岛清根据对外直接投资的动机，将其分为自然资源导向型、劳动力导向型、市场导向型和生产与销售国际化型四种类型。边际产业扩张理论要求对外直接投资的产品应该是标准化的产品，而且该产品在本国已经处于比较劣势。

在投资的国别选择上，该理论积极主张向发展中国家工业的投资，并要从差距小、容易转移的技术开始，按次序地进行。这一理论在一定程度上解释了中国对外投资首先并重点投向发展中国家这一现象。

在关于对发展中国家工业投资的政策主张中，小岛清提出这种投资应该起"教师的作用"，"给当地企业带来积极的波及效果"。今后我国的对外直接投资，在实践中兼顾本国与东道国双方的利益同时，也需要大力宣传"双赢"的思想，而不仅仅只谈中国对外直接投资对国内会有什么好处。

（3）经济增长优先说

该学说认为，发展中国家人均收入很低，因而不可避免地要以发展经济为先，保护环境为次。这样，在经济发展与引进外资中，不问产业政策是否允许，不管环境污染是大是小，一律“先上车后买票”或“只上车不买票”，其结果难免重蹈发达国家走过的“先污染，后治理”的覆辙。

相比其他发达国家，中国基本上也是走这条道路。改革开放之初，我国政府确定并实施了优先发展经济的道路，这点可以从当时流行的一个口号“不管白猫黑猫，抓住老鼠就是好猫”看出。但是中国的发展有其他发达国家的经验可以借鉴，我国很快就提出了保护环境，走可持续发展的道路。近年来，我国政府提出了经济又好又快地发展，更加强调了经济发展的质量。这个质量包括环境保护和资源综合利用。

1.3.2 环境保护理论

（1）环境库兹涅茨曲线

经济与环境之间存在紧密的联系，一个地区经济增长的规模和速度，不可避免地会对该地区的环境质量产生影响，环境问题反过来对经济增长产生反作用。环境库兹涅茨曲线（Environmental Kuznets Curve，EKC）是常用来描述经济增长与环境污染水平演进关系的计量模型，它假定：一个国家或地区在经济发展的初期阶段，污染水平会随着收入的增长而上升，当经济发展到一定水平，收入达到某一特定值后，污染水平会随着收入的进一步增长而下降。若以纵轴表示污染水平（三废排放量等），横轴表示经济增长（GDP、GNP、工业总产值或其人均量等），那么在这个二维平面内污染水平与经济增长之间呈现出倒U形关系。

（2）环境竞次理论

不同国家或地区间对待环境保护强度和实施环境标准的行为类似于“公共悲剧”的发生过程，每个国家都担心他国采取比本国更低的环境标准，而使本国的工业处于竞争劣势，为避免遭到竞争损坏，国家间会竞相采取比他国更低的环境标准，即各国均会采取次优的环境政策，最后的结果是每个国家都会采取比没有国际竞争时更低的环境标准，使外商直接投资尽可能在本国实施，并最终使全球的环境恶化加剧（蔡文晓，2006）。

环境竞次理论阐述了环境上的共损局面。如何跳出环境竞次理论，在发展经济的同时主动自律加强环境保护，是每个国家应该思考的问题。

(3) 环境避难假说

实行低环境标准的国家或地区，企业所承受的环境成本相对较低。在该国进行外商直接投资时，其产品价格就会比在环境标准高的国家生产出同样产品的价格要低。于是，在以追求利润最大化为目的的企业主眼里，该国在投资和生产方面具有更大的优势。这种由成本差异所产生的拉力，会吸引国外的企业，尤其是环境敏感型企业和区位敏感型企业到该国安家落户，使被投资国的污染大大加重。

(4) 波特假说

以波特为代表的一批乐观派认为，有效的环境政策将刺激企业的技术创新和管理创新，这一假说的主要特点是基于动态分析，既承认其对环境保护在短期的不利影响，又认为在长期具有积极作用。

严厉的环境政策对外商直接投资短期内可能有影响，但长期看，反而会促进外商投资和环境保护事业发展。

第 2 章　中国对外投资与环境保护

本章介绍“走出去”战略实施后，中国对外投资的发展状况，分析我国对外投资的结构特性（资金流量、投资国别、投资领域）、管理体制与相关政策，探讨对外投资所遇到的环境保护问题。

2.1 对外投资现状分析

2.1.1 中国对外投资发展

我国实施对外投资合作已有近 30 年的历史，也逐步在积累了经验，21 世纪初中央政府更把它上升为一个国家战略，鼓励和支持有条件的各种所有制企业对外投资和跨国经营、主动参与各种形式的国际经济技术合作，中国企业走出去步伐明显加快，对外投资初具规模。

（1）起步晚，但发展速度快

中国对外直接投资真正起步是从改革开放以后才开始的，发达国家对外直接投资始于 19 世纪中期，发展中国家的对外直接投资兴起于 20 世纪 60 年代，所以中国的对外投资也只有短短的 30 年的时间，却取得非常大的发展和成就。

中国对外投资总体发展从 2002 年起呈现出一个高速发展的态势（图 2-1）。从流量上来看，投资增速非常强劲，2002—2008 年间，中国对外投资（非金融类）年均增速高达 65.7%。2008 年中国对外直接投资净额 559.1 亿美元，是 2002 年的 8.11 倍。其中，非金融类对外直接投资 418.6 亿美元，同比增长 68.5%。

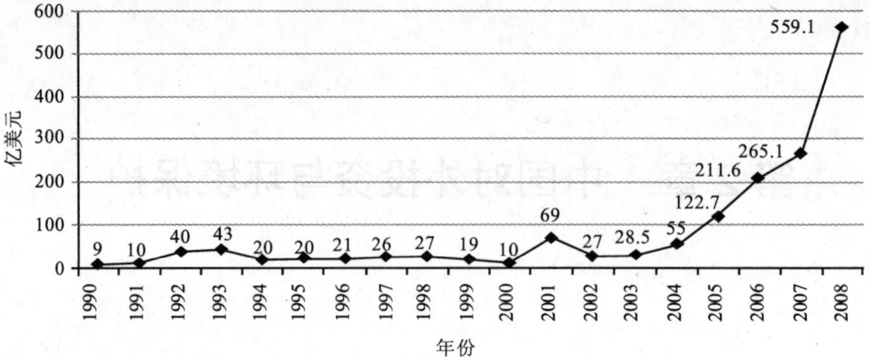

图 2-1　中国对外直接投资流量情况（1990—2008）

数据来源：中国对外直接投资统计公报

从存量的角度来看，中国的对外直接投资同样呈现出上面的特点（图 2-2）。存量规模不断扩大，投资覆盖的国家（地区）有所增加，行业分布也很齐全。

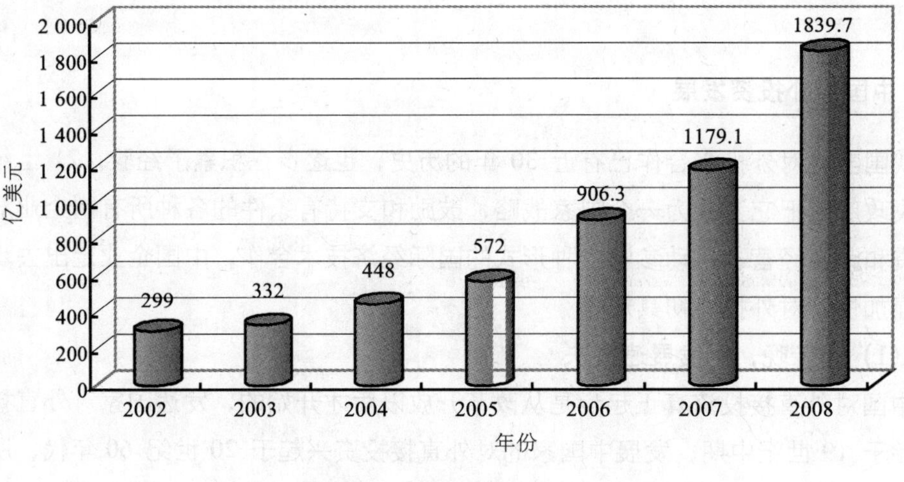

图 2-2　中国对外直接投资存量情况（2002—2008）

数据来源：中国对外直接投资统计公报

（2）增速快，但占世界比例小

联合国贸发会议官方网站 2008 年更新的 FDI 数据库中的数据显示，中国对外直接投资年流出流量从 1990 年的 19.62 亿美元，增长到 2007 年的 224.69 亿美元，年流出量增长了 11.45 倍，世界同期年流出量增长了 9.02 倍，发展中国家年流出量增长了 10.77 倍多（表 2-1）。

表 2-1　1990—2007 年全球对外投资流量和存量平均年增长率

	流量年均增长率（%）	存量年均增长率（%）
全球	13.60	13.81
发展中国家	17.63	15.00
中国	19.78	15.42

数据来源：根据 2008 年联合国贸易与发展会议《世界投资报告》计算

然而，虽然我国对外投资增长迅速，但是投资量占世界的比例仍然与中国整个经济在世界中的地位不相符合。我国非金融类对外直接投资比重只占世界 1%左右，和外资流入量相差非常悬殊，对外投资额与吸收外资额之比仅为 0.23，大大低于发展中国家 0.46 的平均水平（图 2-3）。

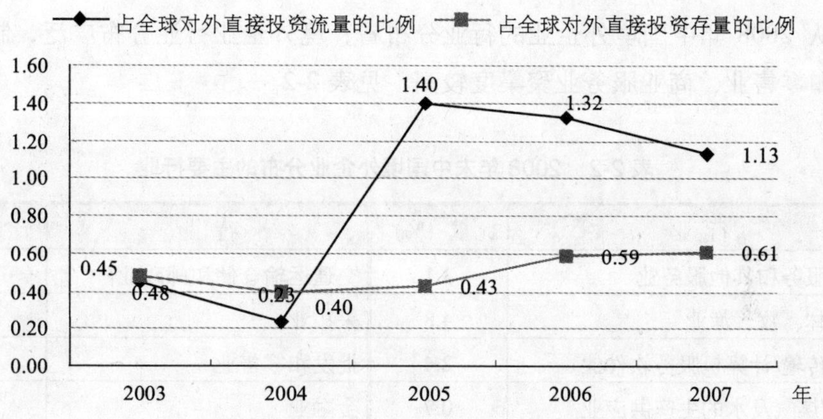

图 2-3　中国与全球对外直接投资规模的比较

数据来源：联合国贸发会议（UNCTAD）发布的世界投资报告

（3）政策环境良好，但整体的服务支持体系有待完善

中国政府积极实施“走出去”战略，为企业从事境外直接投资活动创造了良好的政策环境。但是目前中国对外直接投资相关法律的立法工作还不完善，政府服务支持体系有待进一步建立，行业协会和服务业也需要进一步配套发展。

2.1.2 中国对外投资的特点分析

中国对外直接投资增长很快，并且将继续增长，成为全球外国直接投资的重要来源地。其主要推动原因是中国外汇储备的快速增加以及政府强有力的扶持政策。采掘业继续成为中国企业对外直接投资的主要目标，金属企业、银行也在海外积极开展业务。中国对外直接投资在地理上分布比较广泛，在发达国家的并购交易明显增加，在许多非洲国家正在成为主要的投资者[①]。

2.1.2.1 中国对外投资行业特点

中国对外直接投资行业分布广泛且集中于资源开发和初级制造业。

从 2008 年对外投资流量的产业分布来看，商业服务业占总投资流量的 38.8%；金融业占 25.1%；批发和零售业占 11.7%；采矿业占 10.4%，主要是石油天然气开采业、有色金属开采业和黑色金属矿采选业。交通运输仓储业占 4.8%；农、林、牧、渔业占 0.3%。

从 2008 年中国境外企业的行业分布看，境外企业行业分布广泛，制造业、批发和零售业、商业服务业聚集度较高，见表 2-2。

表 2-2　2008 年末中国境外企业分布的主要行业

行 业	比重（%）	行 业	比重（%）
居民服务和其他服务业	3.1	交通运输仓储和邮政业	4.1
农、林、牧、渔业	4.8	采矿业	6.2
信息传输/计算机服务软件业	2.4	批发和零售业	19.7
电力/煤气及水的生产供应业	0.7	金融业	0.9
科学研究/技术服务和地质勘查业	3.1	租赁和商务服务业	14.5
建筑业	6.8	其他行业	1.4
房地产业	1	合计	100
制造业	31.3		

数据来源：商务部、国家统计局、国家外汇管理局，2008 年度中国对外直接投资统计公报

① 2007 年全球外国直接投资创新高。http：//customslawyer.cn/ztdt/jmdt/zhxx/200809/25756.html

从入世以来中国对外直接投资产业分布的纵向变化来看，租赁和商务服务对外直接投资有所降低，采矿业和制造业的对外直接投资规模上升，并占有较大的比重，以自然资源为驱动的投资日益增多。

2.1.2.2 中国对外投资区域特点

中国对外投资的区域分布既十分广泛，又相对集中，截止到 2008 年年底覆盖全球 174 个国家和地区，但是又呈现出在少数地区高度集中的特点。

中国对外直接投资存量集中在亚洲和拉丁美洲，且 2005 年流向拉丁美洲的投资首次超过了流向亚洲的投资（表 2-3）。2008 年亚洲和拉丁美洲仍为中国对外直接投资流量最为集中的地区，而非洲则为增长幅度最大的地区；中国对亚洲的直接投资为 435.5 亿美元，较上年增长 162.5%，主要分布于中国香港，新加坡、缅甸、柬埔寨、越南等。虽说中国对非洲的直接投资占总投资流量的比例较少（只有 9.8%），但是其增长的幅度较大，达到 249%。对大洋洲的直接投资业有增长，较上年增长 153.5%。其他的洲如拉丁美洲、欧洲、北美洲，均较上年下降，分别为 26%、19.3%和 68%。从此可看出，2008 年中国对外直接投资的区域方向偏向于亚洲、非洲和大洋洲。

表 2-3　中国非金融类对外直接投资流量各大洲分布情况　　单位：%

	2003	2004	2005	2006	2007	2008
亚洲	53	55	36	43.4	62.6	77.9
拉丁美洲	36	32	52	48	18.5	6.6
欧洲	5	3	4	3.4	5.8	1.6
北美洲	2	2	3	1.5	4.3	0.6
非洲	3	6	3	2.9	5.9	9.8
大洋洲	1	2	2	0.8	2.9	3.5
合计	100	100	100	100	100	100

数据来源：中华人民共和国商务部，国家统计局，国家外汇管理局编《中国对外直接投资统计公报》（2003—2008）

表 2-4　2008 年中国对外直接投资流向前十位国家（地区）

序号	国家（地区）	金额（亿美元）
1	中国香港	386.4
2	南非	48.08
3	英属维尔京群岛	21.04
4	澳大利亚	18.92
5	新加坡	15.51
6	开曼群岛	15.24
7	中国澳门	6.43
8	哈萨克斯坦	4.96
9	美国	4.62
10	俄罗斯联邦	3.95

数据来源：中华人民共和国商务部，国家统计局，国家外汇管理局编《2008 年中国对外直接投资统计公报》

从表 2-4 可以看出，中国对外投资从数量上看主要集中在中国香港、英属维尔京群岛等几个世界避税地①，其次是发达国家，而流向亚非地区发展中国家的投资相对较少。2008 年中国增加了对南非的直接投资，一跃成为中国对其直接投资第二大国家，其投资流量为 48.08 亿美元，占总流量的 8.6%，主要涉及银行业、商务服务业和批发零售业的投资。

2.1.2.3 中国对外投资主体特点分析

中国对外直接投资主体持续保持多元化格局。2008 年，国有企业和私营企业对外投资的比重有所降低，有限责任公司的比重有所上升。即有限责任公司所占比重为 50.2%，位于境内投资主体数量的首位；国有企业占整个境内投资主体的比重为 16.1%，位于境内投资主体总数的第二位；私营企业对外投资的主体数量占 9.4%，位于投资主体数量的第三位（图 2-4）。而 2007 年的三类企业对外投资所占比重分别为 43.3%、19.7%和 11%。

2008 年，在非金融类对外直接投资主体中，中央企业及单位仅占 5.6%，比

① 中国对避税地的投资大都被再次用作对外直接投资而从避税地转移出去，比如英属维尔京群岛 2005 年的境外投资流入量为 96.2 亿美元，对外直接投资流出量为 159.94 亿美元，而当年其国内生产总值仅为 9.62 亿美元，仅是投资流入量的 1/10，这说明中国投向这些避税地的投资大部分都转移到了别处。

上年下降了 4.7 个百分点；各省市区的投资主体占了 94.4%，比上年上升了 5.7 个百分点。其中：浙江省的境内投资者数量最多，达到 22%，其次为广东、山东、福建、江苏、上海、黑龙江。而私营企业投资主体有七成来自浙江、福建两省。

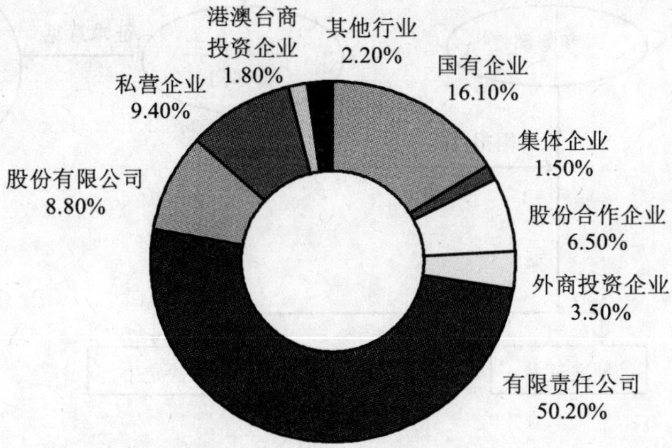

图 2-4　2008 年末境内投资主体分布情况

数据来源：中华人民共和国商务部，国家统计局，国家外汇管理局编

《2008 年中国对外直接投资统计公报》

2.1.3 中国对外投资管理与政策

2.1.3.1 中国对外投资管理体制及程序

根据国务院 2003 年机构改革方案，商务部是负责对外投资的主管部门，具体事务由对外投资与经济司负责。

对于国内企业在境外投资开办企业，商务部和省级商务主管部门从以下几方面进行审查、核准：国别（地区）投资环境；国别（地区）安全状况；投资所在国（地区）与我国的政治经济关系；境外投资导向政策；国别（地区）合理布局；履行有关国际协定的义务；保障企业合法权益。我国境外投资开办企业需要核准，目前核准程序见图 2-5。

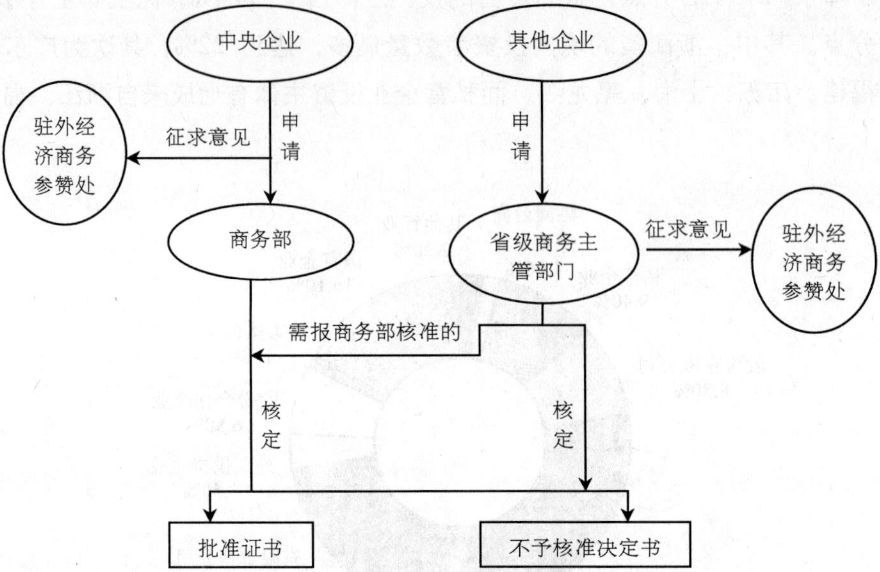

图 2-5　境外投资开办企业核准程序图

专栏 2-1　境外投资开办企业核准程序

(1) 中央企业径向商务部提出申请；其他企业向省级商务主管部门提出申请。

(2) 商务部和省级商务主管部门收到申请材料后，对于申请材料不齐全或者不符合法定形式的，应当在 5 个工作日内一次告知申请人需要补正的全部内容，逾期不告知的，自收到申请材料之日起即为受理。对于申请材料齐全、符合法定形式，或者申请人按照要求补正申请材料的，应当予以受理。

(3) 省级商务主管部门应征求我驻外使（领）馆经济商务参赞处（室）的意见。中央企业径向我驻外经济商务参赞处（室）征求意见。我驻外经济商务参赞处（室）自收到征求意见函之日起 5 个工作日内予以回复。

(4) 省级商务主管部门按照委托核准的权限，自受理之日起 15 个工作日内做出是否予以核准的决定；需报商务部核准的，自受理之日起 5 个工作日内进行初审，同意后上报商务部。

(5) 商务部自受理之日起 15 个工作日内做出是否予以核准的决定。

(6) 商务部和省级商务主管部门对予以核准的，应出具书面核准决定；不予核准的，出具不予核准决定书。

2.1.3.2 中国对外投资主要政策

（1）规范和引导性基本政策

2004 年，为了推进对外投资便利化的进程，商务部根据《行政许可法》和《国务院关于投资体制改革的决定》，在 2003 年行政审批改革试点的基础上，下发了《关于境外投资开办企业核准事项的规定》，并与国务院港澳办联合下发了《关于内地企业赴香港、澳门投资开办企业核准事项的规定》。上述规定在全国范围内下放境外投资核准权限，简化手续，进一步体现了在市场化原则下国家投资体制改革的精神和政府职能转变的要求，对推动中国企业对外投资起到了积极的促进作用。

与此同时，商务部联合外交部或单独制定发布了《对外投资国别产业导向目录（一）》、印发了《在拉美地区开展纺织加工贸易类投资国别导向目录》、《在亚洲地区开展纺织服装加工贸易类投资国别指导目录》，积极引导企业开展对外投资活动，为企业境外投资创造了良好的服务环境。

此外，为全面、准确、及时地反映我国对外直接投资的全貌，为国家分析境外投资发展趋势，检测宏观运行，制定促进导向政策和实施监督管理，以及建立我国资本项目预警机制提供依据，2002 年原外经贸部、国家统计局共同印发了《对外直接投资统计制度》，2004 年该制度得到了修订和完善。

（2）税收上予以支持和保障

为配合“走出去”战略实施，近年来我国通过税收手段，有效促进了企业境外投资。

通过完善税收政策，为企业境外投资创造良好的税收制度环境。境外投资，涉及税收政策主要集中在所得税和进出口税收方面。为更好地满足企业需要，我国制定实施了《境外所得计征所得税暂行办法》，明确了企业境外投资所得的确认、境外抵纳税款和减免税处理等一系列政策问题。

发挥税收协定作用，为企业境外投资创造良好的国际税收环境。税收协定是维护国家税收权益和企业对外投资利益的法律保障，近年来为促进企业“走出去”，我国在对外税收协定的谈签方面进行了调整。在继续与欧美等发达国家进行税收协定谈判的同时，加大了与亚非拉发展中国家谈签税收协定的力度，同时进一步完善了来源国和居民国之间税收管辖权划分的方式和标准，较好地保障了我国作为资本输出国的税收利益。另外，在税收协定条款安排中，也注重最大限度地争取我国企业在缔约国投资所能获得的经济利益。

改进税收服务，为企业境外投资创造良好的纳税服务环境。国家税务总局通过改进税收服务，帮助企业处理与境外投资相关的涉税事宜。2005 年国家税务总局推出税收争端处理服务，对在与我国签订税收协定的国家投资的企业，如果认为缔约国所采取措施，已经或将会导致不符合税收协定规定的征税行为，可向国家税务总局提出申请，由国家税务总局与缔约国主管税务当局协商解决，为境外投资企业开辟了一条有效处理国际税务争端的途径。

(3) 金融政策环境逐步宽松

近年来，中国人民银行一直致力于大力培育和发展外汇市场，外汇交易品种不断丰富，2006 年推出了人民币对外币掉期交易，扩大了远期和掉期结售汇业务范围；市场规模迅速扩大，2007 年上半年银行间外汇市场交易量较汇改前的 2005 年同期增长了 4.5 倍。

2006 年，中国人民银行取消了境外投资购汇额度规模限制，满足了企业境外投资发展的需要。下一步，中国人民银行将进一步取消在外汇资金来源审核、购汇审核、利润汇回等方面存在的不必要的限制；允许企业使用自有外汇或通过人民币购汇进行境外投资，提高用汇和汇出的便利化程度；积极研究和探索境内企业和金融机构为“走出去”企业提供外汇支持的渠道。

金融在“引进来”和“走出去”方面发挥了重要作用，但还很不够，尚不能适应实施“走出去”战略的新形势。中央人民银行高度重视这些问题，正抓紧研究，今后将进一步拓展金融市场广度和深度，改变“宽进严出”的外汇管理政策，提供更大的金融服务便利，为企业“走出去”提供强有力的金融支持。

(4) 新时期的境外经贸合作区政策

2006 年下半年，商务部决定筹资 200 亿元在多个国家建立境外经济贸易合作区，作为我国实施“走出去”战略的一项重要举措。经过两年多的建设，商务部共分两批批准了 19 家境外经贸合作区（见专栏 2-2），截至 2009 年 10 月底，入区企业 110 家，投资金额约 12.6 亿美元（商务部，2009）。

引导和推动有实力的企业按照市场规则，在有条件的国家和地区建设境外经贸合作区，是积极稳妥实施“走出去”战略的一项重要举措，对促进我国企业对外投资，实现互利“共赢”，推动建设和谐世界具有重要意义。其做法是由国家商务部牵头，与政治稳定且同我国关系较好的国家政府达成一致，然后以国内审批通过的企业为建设经营主体，由该企业与国外政府协议和签约，在国外建设经济贸易合作区。再由该企业开展对外招商，吸引国内外相关企业入驻，形成产业集群，所以相当于我国企业以集群的方式集体对外直接投资。在境外经贸合作区建设中，企业是“走出去”的主体，政府提供的是服务以及保障企业权益的功能（李春顶，2008）。

大力实施“走出去”战略是中国 2010 年商务工作的重点之一，其中完善政策促进体系和服务保障体系，及时总结完善境外经贸合作区的相关政策是很重要的一部分内容。

专栏 2-2　部分中国境外经贸合作区简介①

1．埃及苏伊士经贸合作区

埃及苏伊士经贸合作区是我国政府批准的国家级境外经贸合作区，由天津泰达投资控股有限公司在埃及设立的埃及泰达投资公司负责开发、建设和运营。

合作区位于埃及东北部，地处苏伊士运河南端，距开罗 120 公里，距苏伊士城 40 公里，交通便利、辐射能力强。经过 10 余年的园区建设，已有一批中资企业入驻，取得了良好的经济效益，对入驻的企业实行“一站式”服务。合作区的特色是：

- 埃及国内政局稳定，政策方针和金融稳定，经济秩序良好，劳动力充足，工资水平低。
- 出口欧美，东南部非洲（增值 45%）和阿拉伯国家全部免除进口关税。
- 在合作区投资可享受的优惠政策。

（1）工业区模式投资：进口用于投资项目的机电设备，仪器征收 5%关税，免交海关手续费，10%的销售税 10 年内免交，产品销售税（增值税）税率为 10%，产品可在国内销售，无外销比例，出口产品可享受出口退税，为生产出口产品而进口原材料，可执行海关临时放行制度，投资者可以向埃及政府购买土地所有权，并可无限期拥有所购土地。

（2）自由区模式投资：投资项目进口机电设备，原材料等免除关税，销售税和其他一切税率，在自由区的投资项目按照销售税（出口额）的 1%纳税，免除其他税率，从自由区销往国内的产品则视为进口。依法征税，自由区设立的投资项目所生产的产品出口要达到 80%以上，投资者只能租用土地。

① 中国对外投资与经济合作，www.fec.mofcom.gov.cn

2. 巴基斯坦海尔—鲁巴经济区

巴基斯坦中国经济区特区，位于巴基斯坦第二大城市拉合尔市，是经商务部批准建设的首批“中国境外经贸合作区”之一。目前，国家经济区一期已建成投产，为海尔企业自用，二期33万平方米已开始建设，三期规划2平方公里，二、三期园区主要面向国内企业招商。

巴基斯坦投资政策高度自由，所有经济领域向外商直接开放；外商与当地企业享有同等待遇，允许外资100%股权，无须政府审批，税收及关税优惠，所有项目相关的汇出均获允准。土地实行私有制，一经购买，永久拥有使用。经济区内的优惠政策：为外销目的进口原材料免关税；经济区商品出口中国，中国商品进口经济区享受进一步降税；经济区内设独立海关；免除投资项目相关的机电设备的进口关税及税收；投资项目自运营之日起5年内免税；现行初始折旧率由50%可提高至100%；入区享受免费咨询及“一站式”服务。

3. 俄罗斯乌苏里斯克经济贸易合作区

俄罗斯乌苏里斯克经济贸易合作区是2006年经国家商务部批准建设的境外经贸合作区之一。该合作区由中国康奈集团和吉信集团共同负责组织实施。运作模式是以企业投资为主体，以商业运作为手段，以促进互利“共赢”为目的，为中国企业“走出去”发展，推进由“中国制造”向“世界制造”转变而搭建的平台。

合作区位于俄罗斯远东滨海边疆区乌苏里克市，距我国黑龙江东宁口岸53公里，距国际优良深水港海参崴100公里。乌苏里克市是俄滨海边疆区第二大城市，工业基础扎实，交通方便。

合作区规划占地面积228万平方米，规划建筑面积116万平方米，总投资20亿元人民币。区内分为生产加工、商务、物流仓储和生产服务等区域，产业定位于鞋类、服装、家电、家居、木业、建材、皮革等。建设期为五年，计划引进60家中国企业，2006年下半年起启动一期区域建设，目前已有5户鞋厂和2户木业企业入驻。

乌苏里斯克经贸合作区已被列为两国政府支持的项目。2008年2月18日，国务院批复《关于同意推进境外经济贸易合作区建设的意见》，中国政府的部委将对境外合作区的建设单位和入驻企业给予特殊政策和优惠政策。

合作区将为入区企业创造良好的投资、生产和经营环境，并提供工商、缴税、治安、金融、劳务签证、物资进出口等方面的服务，厂房租赁费用为每月32元/平方米；在提供“六通一平”等基础设施配套的情况下，土地出让价格为每亩15万元，使用年限49年。

4. 广西-印度尼西亚沃诺吉利经贸合作区

中国广西-印度尼西亚沃诺吉利经贸合作区位于印度尼西亚中爪哇省沃诺吉利县县城北部1公里处，东边距离著名的梭罗河仅1公里，距离南部的哇渡加瓜湖5公里，离沃诺吉利县火车站仅 1.5 公里，垄—梭罗市—沃诺吉利县省 A 级公路线 1 公里，离北部重要国际港口三爆垄 210 公里，交通方便。

根据印度尼西亚的国情和投资环境以及双边经贸状况，结合广西产业发展和结构调整升级需要，发挥广西农垦的技术优势，确定合作区的产业定位是以木薯为主要原料的精细化工及建材、制药等行业，以及其与此相关的国内市场相对饱和的行业。

项目占地 200 公顷，分三期建设，总投资 39400 万元。其中一期占地 89 公顷，投资 26468 万元，完成 89 公顷用地的七通一平引进入园企业 10 家。二期占地 62 公顷，投资 7562 万元，完成 62 公顷用地的七通一平以及其他配套设施的建设，引进二期入园企业 20 家。三期占地 49 公顷，投资 3781 万元，完成 49 公顷用地的七通一平以及其他配套设施的建设，引进三期入园企业 20 家。

合作区建成后，将吸引 50 家以上中国企业入区建厂，吸引投资额 20 亿元人民币。正常年利润总额 4544 万元，所得税后财务内部收益率 28.20%，投资回收期为 5.1 年。

5．韩中国际产业园区

“韩中国际产业园区”是目前中韩经贸史上最大的合作项目，是中国国家商务部确定给予重点扶持的“境外经济贸易合作园区”之一，是中国外向型企业以较低成本直接进入世界一流市场和进一步参与国际市场竞争的桥梁。

项目位于韩国务安企业城市内，韩中国际产业园区占地约 20 平方公里，由中国东泰华安国际投资有限公司出资 7650 万美元，占股 51%，韩方股东出资 7350 万美元，占股 49%，入园的中国企业，前 5 年免交国税，后 2 年减半、地税减免至少 8 年，最长可减免 15 年，企业引进中国劳动力比例可达 40%。

韩国中央和地方政府、国会均对项目持支持态度，在中国相关部委高层领导访韩时表示将最大限度地给予园区各项优惠政策。包括陆续出台专门针对园区的劳动力雇佣、出入境、通关等方面的一系列优惠政策和法规等。

韩国是经济合作与发展组织（OECD）成员、FTA 成员，商品出口欧美不需配额，且韩美自由贸易区协议已签订正待两国国会批准生效。在韩国投资高新技术企业，利用韩国市场销售体系，不仅能够享受驻在国待遇、规避有关国家针对中国的歧视性贸易壁垒、增加出口，还可以在海外建立自己的营销网络，更好地发挥比较优势，增强自主创新能力和产品竞争力，是我国企业积极参与国际市场竞争的良好平台。

6．毛里求斯天利经贸合作区

毛里求斯天利经贸合作区是国家商务部批准的首批境外经贸合作区之一，由山西天利实业集团投资建设。该合作区距毛国首都路易港 3 公里，交通便利，园区面积 2.11 平方公里，依山临海、环境优美。

合作区定性为自由港区，具备“境内关外”特性，所有入区企业为自由港公司，享受免关税、免增值税待遇，所得税 15%，入区企业雇佣外籍工人不受比例和年限限制，入区企业可享受“一站式”服务。

合作区为入区企业提供完善的基础设施，包括“八通一平”、厂房、办公及住宿等配套设施。到毛里求斯天利经贸合作区投资的企业除了享受在毛里求斯投资无外汇管制，可独资设立公司，自由汇出资金和利润。2008 年 6 月 30 日之前，投资经营纺纱、织布、印染、针织等行业，到 2016 年 6 月 30 日前免征公司所得税优惠政策，毛里求斯天利经贸合作区作自由港区，入区企业进出港区的货物免征增值税、关税，企业所得税征收 15%，入区企业可享受毛里求斯《2006 所得税法案（修改案）》规定的资本补贴政策；入区企业雇佣外籍劳工将不受比例和年限限制。

毛里求斯是 WTO 成员方，是美国、欧盟、东南非共同市场、南部非洲共同体、印度洋委员会等多个贸易协定和经济组织的受惠国，其市场准入和贸易条件非常优越，在毛里求斯投资能实现近 14 亿人口的市场销路。日本、澳洲、瑞士和挪威等国家也给予毛里求斯普惠制和优惠关税待遇。

7．尼日利亚-广东经济贸易合作区

尼日利亚-广东经济贸易合作区是我国首批 8 个获得国家商务部批准的境外经贸合作区之一，得到中尼两国政府众多优惠政策及强大的支持，系广东省政府外经贸重点项目，由广东新广国际集团等公司负责建设。

合作区总面积为 100 平方公里，选址尼日利亚奥贡州，紧靠尼日利亚经济商务中心拉各斯，交通便利、物流渠道畅通。合作区包括加工园区、工业园区和科技园区，同时成为境外原材料基地和经济技术推广基地。

尼日利亚资源丰富、劳动力充裕，是世界上仅有的几个投资回报率和行业利润最高的地区之一。合作区将采用统一规划，组团推动，滚动开发的建设模式。目前面向全国招商的重点行业有：建材陶瓷、五金建材、轻工家具、木材加工、小家电、仓储物流、计算机、机械、电光源、纸业等。

相关优惠政策：对合作区（自由贸易区）的相关税收均予以免除，投资项目有关的物品、原材料、制成品、机器设备等均免进口关税，且不受配额限制。外资投资股东可随时撤出，利润和红利可自由汇出，区内企业对欧盟和美国出口不受配额限制。合作区享有 99 年土地所有权及自主管理权。入区企业建设期内免收土地金。可为入区企业提供“一站式服务”。

8．尼日利亚莱基自贸区

莱基自由贸易区是南京江宁经济技术开发区和南京北亚集团联合投资兴建的境外经贸合作区。

莱基自由贸易区采取“分期进行，滚动开发”的方式，一期首先开发 10 平方公里。

计划经过 5 年建设，发展成为基础设施健全、企业集群、产能突出、经贸繁荣、服务周到、安全有序、辐射带动能力强的现代产业集聚区。

尼日利亚拉各斯州有 1300 多万人口，尼日利亚有 1.3 亿多人口，西非共同体有着 5 亿多人口。根据《洛美协定》，在尼日利亚生产的产品销售欧盟没有配额限制，关税较低。莱基自由贸易区将给入区生产经营企业提供一个潜力不可估量的巨大市场。

莱基自由贸易区位于拉各斯州东南部，南临大西洋，北接莱基湖，距拉各斯市中心约 60 公里，距拟新建的国际机场仅 8 公里。它是一个正在发展中的新兴卫星城市，也是尼日利亚发展最快的都市新区之一。

尼日利亚是世界第六大石油输出国，石油资源极其丰富，当地其他自然资源如天然气、木材、橡胶等极其丰富，同时人力资源丰富，劳动力成本低，工资水平约为国内的 1/3。

投资莱基自由贸易区，可以享有以下优惠政策：区内企业生产用的原材料、制成品、机器和设备、消费品及其他与投资项目有关的物品，均免征进口关税，不受配额限制；区内企业生产加工的所有产品进入尼日利亚市场，其关税按原材料价格和零部件价格计算，不按成品价计算；外资投资股本及其赢利可随时撤出；外资所得利润和红利可自由汇出；区内企业产品销往欧盟和美国无配额限制等。

9．泰国泰中罗勇工业园

泰国泰中罗勇工业园是由中国华立集团与泰国安美德集团在泰国合作开发的面向中国投资者的现代化工业区。园区位于泰国东部海岸，靠近泰国首都曼谷和廉差邦深水港，总体规划面积 4 平方公里，其中一期 1.5 平方公里，包括一般工业区、保税区、物流仓储区和商业生活区，主要吸引汽配、机械、家电等中国企业入园设厂。

泰中罗勇工业园已被中国政府认定为首批“境外经贸合作区”——中国传统优势产业在泰国的产业集群中心与制造业出口基地，最终形成合制造、会展、物流和商业生活区于一体的现代化综合园区。

作为东盟创始成员国的泰国位于东南亚的中心，长期以来一直以其完善的基础设施、宽松的投资环境、较好的市场辐射能力、稳定的社会和政治以及友好丰富的文化吸引着来自世界各国的投资者。泰中罗勇工业园凭借优势的区位与交通优势、一流的基础设施、优惠的政策和优质的“一站式”服务，将成为中国企业赴泰国投资兴业的最佳选择。

2.1.3.3 中国对外投资中环境管理体制和政策

目前还没有特别针对对外投资环境保护问题进行规定的法律法规，只能在一些相关的对外投资法律法规中有笼统的表述。比如，中国商务部在 2004 年 10 月

1 日颁布的《关于境外投资开办企业核准事项的规定》中，有这样的规定：“国内企业境外投资涉及下列情形的不予核准：违反国家法律法规和政策的；可能导致中国政府违反所缔结的国际协定的；与东道国或地区的法律法规或风俗相悖的。2009 年 4 月份，商务部发布了首批针对 20 个国家的《对外投资合作国别（地区）指南》，虽然里面涉及环保的内容，但我国仍缺乏较为综合的可操作性强的环保规范。

商务部和外汇管理局每年都会对境外投资企业进行境外投资联合年检和综合绩效评价。境外投资企业须将《年检报告书》以及境外企业财务报表及审计报告，送交地方商务主管部门或中央企业总部和地方外汇管理部门。地方商务部门、中央企业总部以及地方外汇管理部门进行年检打分，最后上报商务部和国家外汇管理局。从《年检报告书》的内容来看，商务部关注的是境外企业状况（创汇、上缴税收、净资产收益率等）、是否开办并正常经营、境外企业运行是否存在重大问题以及是否遵守我国有关境外投资规定情况，对于投资主体环境管理并没有明确提出，而在实际操作中也没有对境外投资企业环境保护起到约束作用。

在环境国际合作政策方面，中国一贯高度重视环境国际合作交流，强调在认真做好本国环境保护工作的同时，以积极的态度参与国际环境事务；以新的伙伴关系共同推进区域和全球环境合作，加快解决全球环境问题的进程；坚持环境国际合作应该尊重国家主权，处理环境问题应兼顾各国现实的实际利益和世界的长远利益。

2.2 对外投资中的环境保护

2.2.1 “中国环境威胁论”的舆论形势

中国的对外投资也为世界经济发展作出了贡献。然而，在经济发展和全球化进程中，中国对外投资也不可避免出现一些负面问题，环境问题就是其中之一。近几年，“中国环境威胁论”开始渐渐出现在西方的媒体上。一些西方媒体对中国企业社会责任、环境保护方面进行批评，个别媒体还存在恶意歪曲中国形象的嫌疑。事实上，中国国力的增强，不仅没有给任何国家造成威胁，相反还给周边国家和发达国家带来了巨大利益。

本部分对国内外主流媒体进行关键词网络搜索（搜索方法和结论见专栏 2-3），力图从宏观上把握在中国对外投资和援助中环境问题上国际舆论的趋势，并对这些舆论进行归类和分析，去伪存真，从而对中国对外投资和援助中的环境问题进行反思。

专栏 2-3　搜索方法和小结

1. 搜索方法

搜索时间为 2008 年 5 月，作者在 CNKI 中文数据库、Science Direct 英文数据库以及 Google 搜索引擎上对中国的对外投资和援助中的环境保护问题进行搜索，掌握学术界和媒体界的主要关注情况，并在下文中对中国对外投资和援助中存在的环境问题进行重点分析。

2. 小结

（1）搜索结果定性不定量。由于搜索方法的局限性，本搜索结果只能描述学术和媒体界对中国对外投资和援助中环境保护问题关注情况的概况和趋势，所得数字并不代表精确数字。

（2）学术上对外援助和投资中环境影响的关注基本上还属空白。论述中国“走出去”战略以及中国和南南合作国家关系的文章有一些，专门针对中国对外援助和投资中环境保护问题进行论述的论文寥寥无几。

（3）西方媒体的报道多集中在对中国走出去步伐的恐慌和对中国造成的海外环境问题的指责。表中所列的报道中大部分来自于西方媒体，他们对中国走出去步伐的加大深表担忧并充满指责。在表中所列的与环境相关的 13 篇报道中，内容以指责中国海外项目环评不合格或企业社会责任感淡薄为主。其中仅有两篇正面报道，均为中国媒体所报。

（4）中国媒体关于中国企业海外行为尤其是环境行为的报道太少。目前来看，报道的主要是中国企业走出去的状况、成就，还未关注到中国海外企业的环境行为和影响。

（5）对环境的更多关注可以减少国际上对中国走出去的阻拦和攻击。从搜索的文章可以看出，有相当一部分的报道是关于中国南南合作和走出去战略的，西方媒体无可掩饰地表现出了很大的恐慌和担忧。中国媒体应更多关注中国企业的海外环境行为。

通过链接和筛选共得到近期与中国对外投资环境问题直接相关的典型报道 13 篇，见表 2-5。下文将主要针对这些报道反映的案例和问题进行分析。

表 2-5　与环境保护相关的对外投资案例搜索总结[①]

编码	题目	来源	针对地域	涉及领域	报道内容
1	中国政府的特殊礼物”——柬埔寨沼气、种猪示范点印象	农民日报	东南亚	农业	中国农业部国际交流与合作项目——柬埔寨户用沼气示范项目，改善柬埔寨人民的生活状况，提高生活质量见成效
2	中石油走出去：奉献能源 互利“共赢”		非洲等	能源	中石油海外项目始终坚持“提前预防、防患未然”与“不符合环保要求的决不立项、不符合环保要求的决不开工、不符合环保要求的决不投用”的“三不”原则，实现了能源开发与环境保护的和谐发展，树立起一个负责任的国际大公司形象
3	中国与非洲：共建世界新秩序?	英国《金融时报》	非洲		中国对非洲的投资增多，新殖民主义
4	题目暂缺	《旧金山纪事报》	亚洲、非洲等		指责中国对全球的资源掠夺和环境破坏
5	加纳布维（Bui）水电站可能成为重要的温室气体排放源		南美	大坝	担忧中国进出口银行支持的加纳布维水电站排放大量温室气体
6	伊洛瓦底大坝建设开始，人权侵犯也开始		东南亚	大坝	指出大坝带来的社会和环境问题
7	柬埔寨最大的水力发电大坝严重威胁人民	泰国民族报	东南亚	大坝	分析各方评论，指出大坝对环境和生态的破坏
8	中国的银行到了该“绿化”的时候			金融	抱怨中国银行对外投资不考虑环境
9	中国一些国企海外投资有损国家利益	英国《金融时报》	非洲（苏丹）	政治	评价中石油在苏丹的做法，引起政治对抗。指出中国政府应积极发挥作用，并制定规章约束海外企业的行为
10	中国给穷国贷款忽视人权和环境	英国《金融时报》	穷国	金融	对中国政府及其银行提出严厉批评，称其在贷款给非洲发展中国家时忽视了人权和环境标准
11	独立审核报告揭露苏丹麦洛维水电站建设严重过失		苏丹	大坝	揭露苏丹麦洛维水电站建设环评不合格

编码	题目	来源	针对地域	涉及领域	报道内容
12	莫桑比克大坝建设只会使贫困与生计问题恶化		莫桑比克	大坝水电站	环境正义组织认为中国进出口银行已经同意支持修建的 Mphanda Nkuwa 水电站存在很大的环境风险，呼吁暂停项目
13	商业责任——中国的模式	英国《道德企业》杂志			担忧中国政府不会对企业的“走出去”政策加以控制，甚至在国内对腐败行为、工业安全和环保问题上收紧企业责任准则的同时，视而不见企业在海外的投资活动所带来的社会和环保问题

① 由于对外投资和援助的案例在一起进行搜索和分析的，因为本部分的环境问题分析涵盖了对外投资和对外援助。

2.2.2 对外投资中取得的环境进展

西方舆论对中国向东南亚、非洲、南美等地区投资活动的过分关注，以及“中国环境威胁论”、“新殖民主义”、“生态倾销”的提出，虽然在一定程度上反映了中国在走出去的过程中确实给环境带来了一定的负面影响，但是这本质上是西方对“中国经济威胁论”的延伸。事实上，“中国环境威胁论”、“新殖民主义”、“生态倾销”既无事实根据，也缺乏国际法依据。经济的飞速发展使中国的国际地位显著提升，中国正在成为一支影响世界政治和经济格局的强大力量。但是中国国力的增强，不仅没有给任何国家造成威胁，相反还给周边国家和发达国家带来了巨大利益。

同时，中国对外投资在环境保护领域确实取得了一些成就。中国政府开始认识到海外业务对环境政策的需求并有所行动。商务部于 2005 年发布过《境外投资开办企业核准工作细则》中环境条款的规定，体现出了对东道国环境问题的关注。国家林业局会同商务部 2007 年 8 月 27 日发布了《中国企业境外可持续森林培育指南》（见附录 3），这是世界上第一个针对本国企业境外从事森林培育活动的行业指导性规范和自律依据，此举开创了我国海外森林采伐的新模式。在 2007 年 APEC 第 15 次领导人非正式会议上，国家主席胡锦涛建议“建立亚太地区森林恢复和可持续管理网络”的内容写入了《悉尼宣言》。商务部于 2009 年 3 月 16 日出台了《对外投资管理办法》和国别投资指南，目前相关部门已经开展了中国对外投资和援助企业环境保护政策研究，组织编制《中国海外企业环境行为规范指南》，将环境影响评价、协议保护机制、生态补偿（生态服务付费）和企业社会责任纳入其中。这对于维护我国在国际上负责任大国形象，推动绿色全球化，具有重要意义。人类社会比以往任何时候都更关注全球环境问题。中国是一个负责任的大国，对于应对经济发展和全球化进程中的环境问题采取积极措施。2009 年 3 月 31 日国家林业局会同商务部发布了《中国企业境外森林可持续经营利用指南》（见附录 4），积极指导和规范中国企业在海外的可持续林业活动，促进东道国林业的可持续发展，并维护我国政府负责任大国的国际形象（WisdomZhi，Douglas Whitehead，2009）。中国进出口银行于 2004 年通过了“环境指引”，并于 2007 年 9 月得到进一步强化。2006 年 10 月，国务院发布条例，敦促中国投资者在海外“注意环境资源的保护”和“维持当地社会和人民的生计”。对于与贸易和投资相关的国际“软规则”标准，如赤道原则、“采掘业透明度行动计划”、“森林管理委员会”以及“多纤维协议论坛”等，中国也正在给予积极的关注或参与。

中国企业也在企业社会责任和环境保护方面不断学习改进。中国国际海运集装箱有限公司、海尔集团和中国远洋运输公司（Cosco）等公司已经接受了“联合国全球契约”的“关注气候”宣言，并承诺把扭转气候变暖作为其长期责任竞争战略的一部分。石油和天然气公司、电力公司、钢铁冶金一般属于大型国有企业，国际化程度也较高，其环保措施相对严格，在对外经济合作中发生环境纠纷的隐患相对较低。从案例中也可以看出，中石油在对外投资环境保护工作上做得很好。中石油认为环保是企业可持续发展的基础，在开展石油合作的同时，全面履行经济与社会责任，树立起一个负责任的国际大公司形象。中石油海外项目始终坚持“提前预防、防患未然”与“不符合环保要求的决不立项、不符合环保要求的决不开工、不符合环保要求的决不投用”的“三不”原则，实现了能源开发与环境保护的和谐发展。

不过，中国海外企业普遍认为，境外舆论和对外经济合作目的地国家等外部力量对企业环境管理方面影响重大，因而，如何缓解“新殖民主义”、“生态倾销”以及“中国环境威胁论”的压力，如何解决经济发展和全球化进程中不可避免出现的负面问题，需要中国政府和企业的共同思考。

2.2.3 对外投资中的环境保护问题

（1）受关注的地域与行业特征

商务部的统计数据资料表明，我国企业开展对外投资的范围基本选定在发展中国家。在参与对外投资的企业中，主要开展对外投资的地域范围依次为东南亚、非洲、中亚和南美洲等。上述区域是开展南南合作的主要地区。

由表 2-4 的案例可以看出，中国对外投资和援助受关注的地区集中在中国对外投资和援助重点区域，即非洲、东南亚和拉丁美洲。同时，这些受关注的地域本身也是自然和社会环境保护最敏感的地方，由于能方便容易地获得自然资源，而又没有政治争议的许多地方，已经控制在西方公司/国家的手中，因此，中国旨在获得自然资源的境外投资，经常投向地域敏感和/或政治上有争议的地方。

从受关注的行业来看，主要集中在采矿、大坝、建筑、木材和基础设施建设等行业，比如中国对非洲的大坝建设和石油开采等项目屡被西方媒体诟病。在政府“走出去”政策的指导下，中国公司正积极地在世界各地采购木材、矿产、石油和天然气等自然资源。2006 年，中国对外直接投资流向采矿业 85.4 亿美元，占总额的 40.4%，主要是石油和天然气开采业、黑色金属采选业的投资。

对全球最大的一些企业进行研究发现：自然资源对全球经济的推动作用很大。从中国未来对外投资的行业和地区发展趋势分析来看，油田和其他重要资源开发、加工组装制造业以及劳动密集型的建筑与服务行业将是中国未来对外投资比较集中的行业，这些行业与当地的环境有着密切关系，不加强环境方面的管理，便很容易给当地带来一定的环境问题；东南亚、拉美和非洲等地区将是中国未来对外投资和援助的主要地区，很多地区的法律法规并不健全，投资环境较为宽松，作为一个负责任的大国，中国的发展需要避免对东道国环境造成破坏，需要加强自律，以促进共同发展，推动和谐世界的建设。

（2）缺乏系统而全面的环境政策指引

虽然中国政府和企业对于对外经济合作中的环境问题已经有所意识和行动，但是中国企业仍然比较缺乏全面的海外投资环境政策指引和规范。中国海外投资法律的不健全以及管理的相对薄弱，导致一些中国的跨国公司包括采矿、石油和水电等企业，在其海外业务中，也被批评无视工人、当地社会和环境的利益，受到国外的指责。

诚然，中国对外投资发展迅速，但是中国企业走出去的时间并不长，所以国内外舆论所批评的，中国政府环境政策指引和企业社会责任感双向不足的问题是存在的。政府的引导和企业自身环境意识的提升是相辅相成的两个方面，合理政策的引导有助于规范企业的环境行为、提高企业的社会责任感；而企业社会责任感的提高更可以催生更宽松更融洽的政策环境。所以企业责任感的缺乏并不只是企业自身的问题，政府也要担负起一定的责任。如果企业社会责任感薄弱，就可能会导致这样或那样的社会和环境问题，那么政府就需要及时推出环境政策，约束企业的环境行为。

当然，也有企业表现出了较高的社会责任感和良好的环境行为，而对于这些企业政府也并没有明确的政策或措施予以鼓励。在东道国法律不健全环境意识不强的情况下，企业又缺乏本国的环境政策指引，对于作为市场经济主体、以利益为根本驱动力的企业来说，仅靠企业自身的环保意识，自发去保护环境，将环境成本内部化，体现了企业很高的社会责任感和人文素质。因此政府应制定政策对这样的环保企业进行适当的奖励，同时也是对其他企业的一个激励和促进。相反，对于污染严重的项目应采取限制性或惩罚性政策，以制约企业的环境破坏行为。

因此，对于中国越来越多的企业走出去的状况，亟须更加全面、细致和规范的准则和标准来使中国的企业更与国际接轨。

（3）中国海外企业社会责任感有待提升

利益诚然是企业的生命线，然而世界作为一个不可分割的整体，企业生存的全部要素也绝非只是经济。有些企业破坏环境和漠视社区关系的行为，虽然会给企业带来暂时的经济利益，但是却损害了企业的社会形象，进而对其产品和进一步发展产生不利。

2007 年在日内瓦召开的“联合国全球契约领导人峰会”的一次部长级圆桌会议上，国际智库Accountability发布 了“2007 年责任竞争力状况”，其中责任竞争力指数①表明中国的责任竞争力指数排在第 87 位，是金砖五国②中排名最低

① 责任竞争力指数试图衡量在一个国家经济中的负责任的企业行为的程度，以及以此为基础，它能够在多大程度上建立全球市场竞争力，是迄今为止世界上最全面的评估负责任的企业行为的指标。

② 金砖五国是在金砖四国的概念基础上演化而来的，金砖四国英文是“BRICs”，是由巴西（Brazil）、俄罗斯（Russia）、印度（India）和中国（China）四国的英文名称首字母缩写而成，由于“BRICs”发音与砖块（bricks）相似，故称为“金砖四国”。后来由于南非的经济发展强劲，因而金砖四国“BRICs”变为金砖五国“BRICS”，加南非（South Africa）。

的国家（排名最高的南非列第 28 位，印度列第 70 位），这说明以国际标准衡量，中国目前的“责任竞争力”仍然比较薄弱。

因而，在全球越来越倡导可持续发展的形势下，中国海外企业应该转变观念，树立良好的环境价值观，充分彰显自身的社会责任感。履行公司责任可能需要花费时间和金钱，但是环境的改善却能够提高企业绩效，赢得市场准入，改善与利益相关者的沟通，从而带来高于平均水平的增长率和效益。

（4）企业规模对企业的环境行为具有较大的关联性

研究发现，企业环境行为与企业规模和行业存在有一定的相关关系。中国海外企业绝大部分都没有在境外分支机构或项目组中设置环保安全部门或专员，但是一些大中型国有企业设有专门的内部环境管理规章。石油和天然气公司、电力公司、钢铁冶金一般属于大型国有企业，企业受外部关注度较高，国际化程度也较高，其环保措施相对严格，在对外经济合作中发生环境纠纷的隐患相对较低；有色金属矿采选业、化工业、煤炭业、纺织业、木材加工业、农牧业则受限于企业规模、环境治理成本等因素影响，环境意识比较低，开展建设项目环境影响评价和加强环保设施与技术的企业比例也较低。

很多的中小型企业没有专门的环保部门也没有内部环境管理规章，环境意识比较淡漠。但是，在国际讨论中，这些规模较小的投资流却经常被人们忽视。其实许多规模较小的投资却具有重大的环境和社会影响，给欠发达国家既带来积极的经济成果，也产生不良的环境影响。

美国《财富》杂志公布 2007 年度全美最受赞赏公司排名榜，拥有创新理念和注重环保是胜出者的两大特点。大型跨国公司一直注重树立在公众中的积极健康形象，在进入海外市场时，参与社会公益的方式可以高效地促进企业本土化的步伐。国外大型跨国公司的做法，给艰难跋涉于经营之路上的中国企业颇多启示。

可喜的是国内已经开始认识到提高企业的社会责任和环保意识对于实施“走出去”战略的重要性。全国工商联与商务部所作的 2006 年度中国民营经济发展分析报告认为，中国民营企业素质进一步提高，建立中共党组织和工会的比例有所提高，但民营企业自身素质的提高尚有不小差距。劳动纠纷不断增加，社会诚信意识仍有不足，资源环境问题有所加重等问题，可能让中国的民营企业在“走出去”时候因为企业形象的影响而步履维艰，报告提出提高企业的核心竞争力和社会责任感，可以使“走出去”的道路会越来越宽广。

2.3 世界著名跨国公司对外投资中环境管理经验

近年来，著名跨国公司在对外投资中的环境保护做法广受关注和好评，一方面固然是提升公司形象的需要；另一方面也是由于国内外法律法规和社会团体的压力和企业社会责任的要求。中国公司对外投资也要多吸取世界跨国公司环保方面的成功经验。这里我们列出一些在环保方面表现比较突出的跨国公司的做法。他们的普遍做法是把环保融入了产品的研发设计、生产、采购和回收处理之中。

大型跨国公司普遍具有较高的环境意识，认识到自身所担负的环保责任。由于其实力雄厚，管理规范，有能力在技术选择、生产管理等各个环节采取有效的环保措施并开发先进的环保技术（专栏 2-4）。他们的做法一般是：①制定公司环境战略；②提出环境政策；③将环境保护纳入日常的管理体系；④积极开展污染治理；⑤及时披露公司的环境信息；⑥承担环境保护的社会责任等。

专栏 2-4　一些世界 500 强公司的环境规范

【东芝】

作为世界 500 强之一的电子企业，东芝公司十分注意环境保护，其主要有以下措施：

（1）实行绿色供应链。把环保和企业社会责任（CSR）列入供应商选择标准。积极推进国外供应商的 CSR，让国外供应商理解并支持 CSR，定期调查供应商的 CSR 情况，发送《CSR 指导手册》和《检查表》，请他们进行自我评估。调查项目包括 CSR 所有内容，其中不仅包括“质量”、“环境”、“信息安全”，还包括了“人权/劳动”、“安全卫生”、“公平交易”、“社会贡献”等内容。

（2）建立环境经营信息系统，管理集团各种环境方面的运行信息。从 2006 年开始，东芝利用该系统对东芝及关联子公司共 519 家的环境会计数据及通过“东芝综合环境监察系统”得到的监察结果进行统计。

（3）在全球推进电脑回收活动。将使用过的电脑从用户处取回，交给持有美国环境保护厅（EPA）颁发的许可证的解体公司进行分解，将金属、塑料等回收再循环利用。东芝集团在澳大利亚、中国、新加坡也在扩大推进这一程序。

【英特尔】

英特尔公司作为世界最大的芯片制造商，也是世界领先的个人电脑、网络和通讯产品制造商，其对于环境保护也十分重视。

为推动“高能效”的社会，英特尔在多个层面做出了积极的努力：首先，以企业公民的身份，以“环保”和“节能”为准则，承担社会责任并取得一系列成就；其次，以环保和节能的理念设计产品，以创新的技术，从架构、芯片、平台、软件层面实现“高能效”；最后，体现强大领导力，倡导业界进行广泛合作，为用户带来更多高能效的产品。

根据数据显示，2005 年，英特尔将生产过程中的全氟烃（温室气体）排放量降低了13%，把对全球气候变化的影响降至最低。英特尔开发了全新的产品包装，每年可减少使用 500 多万磅以石油为原料的塑料，180 万磅的瓦楞纸包装和 69 万磅铝制包装袋。同时，在产品中英特尔还进一步减少了对铅等危险材料的使用，回收了 57%的化学废弃物和 75%的固体废弃物，并且通过节约和提高效率，减少使用了 35%的淡水，这相当于节约 30 亿加仑的水。此外，在生产制造环节中，英特尔还使单位产品耗能降低 15%。

【诺基亚】

世界最大的移动通信产品跨国公司，在移动电话产品市场上，诺基亚已经多年占据市场份额第一的位置。作为通讯界巨头，诺基亚公司也有一系列的环境保护措施。

环境保护的承诺是诺基亚企业文化中不可分割的内容。在诺基亚，环境保护是每位员工的职责，这一理念已经被深深地融合到公司的全部业务中。诺基亚把环境绩效作为可持续运营的重要组成部分，把“为环境而设计”、“供应商网络管理”、“环境管理体系”、“废弃产品管理”作为诺基亚的环境管理项目内容。不仅自己切实保护环境，诺基亚也要求主要的供应商必须通过 ISO 14001 环境管理体系认证，同时也要求供应商建立完善的环境管理体系。对利益相关方的环境管理保证了诺基亚自身产品在环保和节能上突出的品质，与所有利益相关方合作是诺基亚推动环保举措的核心。通过这些举措使诺基亚生产的产品在环境保护方面延伸到原材料采购之前。

2.4 小结

中国对外投资是改革开放后才真正起步的，相对于世界平均水平来说我们的步伐有所滞后。实际上，自 20 世纪 80 年代以来，1982 年中国 FDI 流出量从占世界的 0.16%增长到 2005 年的 1.45%；中国 FDI 流出量占发展中国家比例从1982 年的 1.59%增长到 2005 年的 9.62%；2005 年，中国 GNP 排名世界第 4，进出口总额居世界第 3，吸引外商直接投资流入量居世界第 3 位，而当年中国对外投资流出量仅排世界第 17 位，中国 FDI 外向存量列居世界第 26 位。中国对外直接投资不仅远落后于发达国家，从存量上也不及新加坡、巴西等国。但增量增加迅速，FDI 从 2004 年的 36.2 亿美元迅速增长到 2008 年的 406.5 亿美元。然而，伴随着中国经济的高速增长，中国对外投资也进入快速的增长期，总规模不断增加，投资呈多元化化发展趋势，但是中国对外投资主要集中在少数地区、少数行业，对煤炭、石油、水利开发等资源性开发投资增长较快。根据我国矿产资源禀赋的基本特征和矿产资源的供求态势，中国在煤炭探明储量为 1145 亿吨，居世界第 3 位；石油探明储量为 32 亿吨，占世界的 2.1%；天然气探明储量为 $1.82 \times 10^{13} m^3$，占世界的 1%。中国铁矿石、矿山锰、铬铁矿、铜和铝等矿产资源较为丰富，但需求量大。资源储量国际格局是国家（或地区）全球性安全、区域性安全和地方性安全的组成部分。矿产资源禀赋的时空格局以及变动趋势决定了我国结构性资源矛盾化解的方式选择和目的取向。纵向看，欧美发达国家曾经采用掠夺的方式进行世界资源的瓜分由来已久，但随着国际独立与民族解放运动的兴起，这种外生的资本主义道路被逐步遏制和阻隔。正如狄更斯《双城记》所言：“这是最美好的时代，这是最糟糕的时代”。这一看似语义矛盾的话，对当今国际环境似乎也是一种恰如其分的比喻。

中国已经形成了比较完善的对外投资管理体制，商务部是负责对外投资的主管部门，对对外投资企业实行资格管理。境外投资企业每年都要受到境外投资联合年检和综合绩效评价。国家在政策、税收、金融等方面都对中国的对外投资给予了积极的支持和保障。

但是对外投资的环境管理还比较弱，缺乏指导性、引导性的文件。尤其是近几年一些西方媒体对中国企业社会责任、环境保护方面进行批评，这与事实并不尽相符，中国国力的增强，不仅没有给任何国家造成威胁，相反还给周边国家和发达国家带来了巨大利益。然而，对于对外投资中不可避免出现的一些负面问题，我们应冷静分析并积极应对。

第 3 章　中国对外援助与环境保护

对外援助是指某国或某个组织根据受援国的需要向其提供一定的资金、技术、物资和人力支持，以帮助其发展本国经济，改善人民生存条件的统称。它是一个国家实施对外政策、推行政策标准、意识形态、价值观念的重要工具之一，并服务于一个国家的外交需求，是一个国家外交政策的具体体现，具有重要的战略意义。本章首先回顾我国对外援助现状，包括发展里程、特点和管理体制，探讨中国对外援助的环境保护政策、措施及存在问题。

3.1 中国对外援助现状

中国对外援助是中国外交政策的重要组成部分，是中国和平外交战略的重要体现。中国对外援助在走过的 50 多年里取得了巨大成就，不仅开创了我国外交史上的新局面，而且在国际上树立了中国的大国形象。特别是改革开放以来，中国对外援助在平等相待，维护共同利益；尽力而为，不附带任何政治条件；互利共赢，谋求共同发展的指导思想下，在内容上、在援助方式上都有了进一步的发展，为构建和谐社会贡献了自己的力量。

中国的对外援助事业从 20 世纪 50 年代开始，至今已经走过了 50 多年的历史。在这 50 多年中，中国政府在力所能及的范围内，通过无偿援助、无息贷款和优惠贷款三种方式向非洲、亚洲、东欧、拉美和南太平洋地区的 160 多个国家提供了援助[①]。在援款项下，中国政府帮助受援国建成了近 2000 个与当地人民生

① 中国对外援助基本情况。商务部网页：http：//yws.mofcom.gov.cn/aarticle/m/200801/2008010536 1773.html

产和生活息息相关的各类项目，涉及工业、农业、交通、通讯、文教、卫生以及社会公共设施等领域。此外，根据受援国要求，中国派遣技术人员赴当地提供技术服务和指导，实施成套项目建成后的技术援助和单项技术援助。中国还向受援国提供了大批物资和少量现汇援助。

中国政府为帮助受援国增强自主发展能力，长期以来一直重视援外培训工作，近年来更加大了工作力度。迄今，已有近 10 万名官员及管理和技术人才来华参加了培训和研修。为减轻受援国负担，促进发展，推动国际社会履行减免发展中国家债务的承诺，中国政府在提供对外援助的同时，还减免了重债穷国和最不发达国家的对华到期政府债务。截至 2007 年底，中国已累计对非洲、亚洲、加勒比和南太地区的 49 个国家，免除到期债务 374 笔。中国还对遭受重大自然灾害的国家及时提供紧急人道主义援助，如印度洋海啸、巴基斯坦大地震、马达加斯加飓风、朝鲜火车爆炸、印度尼西亚地震、菲律宾强台风等。中国积极参与国际救援行动，帮助灾后重建。

应受援国要求，中国一直向部分发展中国家派遣援外医疗队，1963—2007 年，先后派出援外医务人员约 2 万人次，遍及亚、非、拉和东欧的 65 个国家和地区。

专栏 3-1　2006 年中国对外援助情况

2006 年，中国政府同 90 个国家和国际组织签署援助协议共 229 笔，在广泛领域开展了卓有成效的经济技术合作。在援款项下，在 37 个国家新承担了 51 个成套项目，主要有：巴基斯坦中巴友谊中心、蒙古乌兰巴托体育馆、汤加首都中学、塞内加尔国家剧院、埃及投资服务大楼、几比政府办公大楼、非盟会议中心等。新开工项目 23 个，主要有：柬埔寨政府办公楼、塔吉克斯坦沙尔－沙尔隧道、也门外交部办公楼、布隆迪高等示范学校、马达加斯加国际会议中心、萨摩亚阿皮亚公园体育设施维修扩建等。竣工项目 18 个，主要有：巴基斯坦瓜达尔港一期、加纳公路改扩建、佛得角水坝、科特迪瓦议员之家、圭亚那国际会议中心等。在 23 个国家新承担了 34 个技术合作项目。向 45 个国家提供了 80 批一般物资援助。中国进出口银行实际批贷了 11 个优惠贷款项目，主要有：老挝电子政务系统、菲律宾集装箱检测、老挝新舟 60 飞机、苏丹喀土穆变电站、博茨瓦纳公路二期、津巴布韦农机设备、斐济电子政务等项目。

为帮助其他发展中国家发展经济，中国自 1995 年开始对外提供优惠贷款。优惠贷款是由指定金融机构提供本金、政府财政贴息的一种具有援助性质的中长期低息贷款，根据受援国发展需要，主要用于支持中外双方企业合资合作建设、经营的项目。

自 2005 年起，中国又开展了对外派遣青年志愿者工作。迄今，已向泰国、埃塞俄比亚、老挝、缅甸、津巴布韦和塞舌尔等国派遣了 200 多名援外青年志愿者，开展汉语教学、中医治疗、农业科技、体育教学、计算机培训和国际救援等方面的志愿服务。

3.1.1 中国对外援助的发展历程

我国提供的援助以帮助受援国发展经济、改善基础设施和促进社会文化发展为主。在亚洲、非洲、拉丁美洲和南太平洋地区建成的成套项目包括工业项目、农业项目、民用项目、商业项目等，这些项目为受援国的经济发展、社会进步提供了强有力的支持。如我国为非洲国家援建的大量住宅项目，使很多人的生活质量有了明显的改善和提高。为亚洲国家修建的公路、桥梁项目，使这些国家的交通状况有了明显改善。在承建成套项目的同时，我国还派出了大量的技术人员，赴受援国开展技术合作，提供技术服务。

中国作为发展中国家的一员，也是南南合作的积极倡导者和支持者。长期以来，我国本着“平等互利、注重实效、长期合作、共同发展”的原则，积极支持并参与南南合作。与发展中国家的合作已成为中国全方位对外开放战略的一部分，合作内容不断丰富，规模迅速扩大，形成经济上合作共赢局面。

经过 50 多年的发展，我国的对外援助大致经历了以下五个阶段。

（1）初始阶段（1950—1963）

这一阶段新中国成立不久，但是为了支持一些国家的民族解放运动并帮助他们恢复和发展经济，中国先后向朝鲜、越南、阿尔巴尼亚等 20 多个社会主义国家和一些亚洲的发展中国家提供了经济援助。

（2）发展阶段（1964—1970）

随着中国经济的恢复与发展。中国对外援助的规模和范围都有较大的发展。在这 7 年中，援助支出比初始阶段增加了 1 倍多，项目数量增加了 2 倍多，援助范围从 20 多国扩展到 30 多国，尤其是增加了对非洲国家的援助。

(3) 急剧增长阶段（1971—1978）

随着中国在联合国合法席位的恢复，中国为加强与广大发展中国家的合作，对外援助进入了空前的大发展时期。这一时期中国对外援助范围极具扩大，增加到了 60 多个国家；同时援助规模也急剧增加，1971—1978 年 8 年的对外援助额是 1950—1970 年 20 年援助总额的 2 倍多。

(4) 调整改革时期（1979—1994）

进入改革开放时期以后，经过对近 40 年援外工作经验的总结，有了新的认识，并对援外工作的方针和政策进行了全面和合理的调整。即既要继续加强对发展中国家的援助，又要量力而行；既要提供援助，也应接受援助。

(5) 新的发展时期（1995 年至今）

随着国内外政治和经济形式的变化，根据国务院下达的有关指示，1995 年下半年中国对外援助方式进行了改革。其主要精神是援外方式多样化和资金来源多样化，重点帮助受援国发展当地急需的中小型项目，支持双方企业互利合作。以利于提高援助效益，帮助受援国发展民族工业，促进中国与发展中国家的双边关系和经贸合作。

近年来，随着中国非洲战略的全面展开，对外援助有了更新的发展。2005 年 9 月，胡锦涛主席在出席联合国首脑会议上宣布了中国政府加强对发展中国家援助的五项新举措；在 2006 年的中非合作论坛北京峰会上，胡主席又提出了包括涉及援外内容在内的 8 项推动中非伙伴关系的新政策。中国的对外援助事业从此又进入了一个发展高峰。

3.1.2 中国对外援助呈现阶段特性

随着 20 世纪 90 年代的调整改革，中国对外援助有了新的发展，从援助形式、援助主体、援助思想，都不断呈现出新的阶段性特点。

3.1.2.1 援助形式的多样化

从援助形式上来看，逐渐由以前单一的发展援助转为发展援助、人道主义援助等多种不同类型。20 世纪 70 年代末期，国际形势逐渐稳定，广大第三世界国家民族解放运动也趋于完成，国家工作重心转为改善经济发展。在这种背景下，发展援助成为中国对外援助的主要形式。促进受援国经济发展成为主要目标。

20 世纪 90 年代，随着中国的改革开放，中国的经济发展得到了长足进步，国际地位也逐渐提高。对外援助不仅仅局限考虑受援国的经济与技术发展水平，更加大了对人道主义援助的投入，不断提高对于关注减贫与发展的关注。

在 2004 年，中国政府本着“以人为本”的人道主义精神，也根据受灾国要求和国际社会的呼吁，及时提供了紧急救灾物资、派遣救援队和医疗队，并在力所能及的范围内提供现汇资金援助，积极参与了国际间重大紧急救援行动，如印度洋地震海啸、美国飓风灾害、巴基斯坦大地震等。此外，中国政府还向朝鲜、越南提供了防治禽流感紧急援助，向罗马尼亚水灾、伊朗地震、几内亚比绍蝗灾和霍乱、厄瓜多尔登革热、乌拉圭飓风提供了物资或现汇紧急援助，并向尼日尔、布隆迪、莱索托、吉布提、赞比亚、莫桑比克提供了紧急粮食援助。

近年来，中国经济确有较快发展，经济总量有所提高，但中国仍然是一个发展中国家，人均 GDP 水平在目前乃至今后较长的时期内仍将处于较低水平。中国自身尚有数千万的贫困人口，地区、城乡经济发展很不平衡。尽管在这样的情况下，我们依然克服自己的困难，向国际社会提供力所能及的帮助，这进一步显示中国政府是一个负责任的政府。

3.1.2.2 援助主体的多元化

从援助主体上看，由于改革开放以前发展援助形式以官方援助为主，援助主体以中国政府为主。而 1979 年以后，企业、金融机构等社会力量逐渐开始涉及援外领域。特别是 1995 年以后，中国经济体制从传统的计划经济体制向社会主义市场经济体制转变，企业逐渐成为经济活动主体。通过招投标的形式，更多的企业、金融机构及科研单位都可以在援外项目下对外进行经济技术合作。这些非官方组织的走出去拉动了受援国经济的发展，增进了中国与受援国的政治经济联系，为双方建立互信的伙伴关系奠定了基础。

3.1.2.3 援助思想的阶段性特点

1964 年 1 月 14 日，周恩来总理在同加纳总统克瓦米·恩克鲁玛（Kwame Nkrumah）会谈时，首次提出了中国对外援助的“八项原则”。在“八项原则”的字里行间渗透着两条最基本的原则：一是平等互利；二是不干涉内政、不附加任何条件。这是中国对外援助的基本思想。

1983 年初，中共中央又提出了“平等互利，讲求实效，形式多样，共同发展”四项原则，其中的“平等互利”、“共同发展”是“八项原则”的精髓，“讲求实效”来自于邓小平的改革思想，而“形式多样”则是对邓小平效率原则的落实。归纳起来就是在原有的国际主义原则基础上增加了“实事求是”的内容。这些原则的提出体现了中国对外援助思想的进一步发展。

2005 年 9 月 16 日，胡锦涛主席在联合国发展筹资高级别会议上宣布了中国对外援助的“五大举措”。2006 年，中国政府又发表了《中国对非洲政策文件》，提出建立政治平等互信、经济合作共赢、文化交流借鉴的新型战略伙伴关系。2006 年 11 月，胡锦涛主席在中非合作论坛（FOCAC）北京峰会上宣布了中国对非援助的“八项政策措施”。“五大举措”和“八项政策措施”标志着中国对外援助工作开始了新的里程。但是，中国对外援助最本质的特征仍然是坚持“不干涉内政”原则，不为中国对外援助附加任何政治条件；以受援国的经济和社会发展需求为主要目的，提供多种形式的对外援助，遵循发展的规律，根据受援国和中国的比较优势，支持健康、教育、农业、能源、交通等领域的发展；坚持平等互利、“多予少取”、共同发展；积极推动受援国的能力建设和人才培养；关注援助效果的可持续性和受援国的可持续发展；推动国际经济规则的合理化。

3.1.3 对外援助的作用与意义

对外援助作为国家对外外交政策的重要组成部分，有着不可替代的重要作用。中国的对外援助主要具有以下主要作用：

第一，提高中国国际地位，扩大中国的政治影响力。中国的对外援助具有无偿援助为主，贷款条件优厚，不带附件政治条件等一系列优势。声誉良好的援外工作增进了双方的互信，加强了经济联系，推动了受援国的经济发展。近年来，中国更加强调向发展中国家及急需人道主义援助的国家和地区提供援助，充分体现了一个负责任大国应尽的义务。以上一系列措施提高了中国的国际地位，扩大了中国的影响力，树立了我国的大国形象。

第二，援助周边国家，为维护中国周边稳定与安全服务。中国的对外援助作为国家外交政策的组成，服务于国家外交的总目标，援助周边国家，创造良好的周边环境是中国对外援助的目标之一。近年来，中国政府坚持十六大报告中提出“与邻为善，以邻为伴”的周边方针及“睦邻、安邻、富邻”的周边政策，大力开展和平外交，中国与周边大多数国家的关系进一步拓展。

良好的周边环境也有利于中国的快速稳定发展，对我国的经济发展具有重要意义。中国对周边国家的经济援助，也是为了服务这一大局。所以妥善处理与周边国家关系，为中国的社会主义现代化建设创造一个良好的周边环境是十分必要的。

第三，通过援外，为企业“走出去”搭建战略平台。加入 WTO 后，中国的改革开放进入了一个新的阶段，面对新形势，十六大报告指出：“实施走出去战略是对外开放新阶段的重大举措。鼓励和支持有比较优势的各种所有制企业对外投资，带动商品和劳务出口，形成一批有实力的跨国企业和著名品牌。”新时期的对外援助的目标之一就是为中国企业“走出去”搭建平台。改进援外方式，推行政府优惠贷款和援外合资合作方式，促进中国企业和受援国企业合作利用优惠贷款，开展援外合资合作，不仅帮助受援国发展了本国经济，也为中国企业对外投资和合作提供帮助。

3.1.4 中国对外援助的管理体制和政策

我国对外经济技术援助的决策权属于国务院。国务院制定对外经济技术援助的方针政策，颁布有关的法律、法规，批准向受援国提供贷款、无偿援助、经援项目，授权商务部同受援国签订经济技术援助协议。

中国对外援助的行政管理是商务部。商务部内部，对外援助司具体负责该项工作。商务部对外援助司主要负责拟定并执行对外援助政策；起草对外援助法律、法规，拟订部门规章；研究和推进对外援助方式改革；编制对外援助计划，拟订国别援助方案，确定援助项目并组织实施等。

我国对外援助通常分为对外经济技术援助、对外医疗援助、对外教育援助、对外科技援助等几种形式，其中对外经济技术援助是最主要的援助形式，约占全部援助的 95%以上。商务部负责管理对外经济技术援助，其他部委负责管理各自系统内的对外援助事务。

卫生部国际司负责援外医疗队的选派和管理。教育部国际司、全国妇联外办等机构也分别承担部分援助任务。中国提供的财政援助由财政部负责。联合国会费由外交部负责，但参与国际多边组织间的援助事务由商务部国际司负责。与多边开发银行的联系由中国人民银行负责。1995 年起中国对外提供优惠贷款，此项业务由中国进出口银行优惠贷款部负责，援外司负责国别政策、政府框架协议和贷款贴息。地方政府归口管理援外的机构现在主要是各省市、自治区外经贸委（厅、局），国外管理机构为驻外使馆经商处。

在政策法规方面：对外援助改革以来，中国相继制定和实施了《对外援助支出预算资金管理办法》（1995）、《对外援助物资检验管理办法（试行）》（1995）、《对外援助工程质量检验评定及验收办法》（1998）、《对外援助工程施工技术资料管理办法》（1998）、《援外合资合作项目基金管理办法》（1998）、《对外援助项目奖惩办法》（1999）、《对外援助成套项目施工任务实施企业资格认定办法》（试行）（2004）、《对外援助物资项目实施企业资格认定办法》（试行）（2004）、《援外青年志愿者选派和管理暂行办法》（2004）、《对外援助成套项目管理办法（试行）》（2008）等法律法规，并在援外工程的实施和管理中全面贯彻 ISO 9000 质量体系标准，使对外援助中的各项工作尽可能做到有法可依，有章可循。

3.1.5 对外援助中存在的问题

中国对外援助尽管取得显著成绩，但仍存在一些不足，主要体现在援助规划、模式、规模和援助信息发布方面。

首先，中国对外援助缺乏统一的战略规划，缺乏指导性原则。中国目前对外援助是由人大通过总体财政支出方案，每个项目的具体操作是委托给商务部和财政部门，缺乏整体性。虽然对援助地区、资金规模等问题有所考虑，但是缺乏整体规划作为依据，也没有实质性文件作为指导，系统性较为欠缺。反观其他对外援助大国，他们普遍重视对外援助的战略规划。以美国为例，2007 年 5 月公布的《2007—2012 财政年度战略规划》以美国整体对外战略确定了七大战略目标，为了实现上述目标，规划专门划定了对外援助的优先地区，并附带了四个附件，分别为：对外援助框架、国务院项目评估计划、国际开发署项目评估规划和术语指南。由此可见，美国对外援助思路清晰，目标明确，程序合理，值得我国借鉴。

第二，在早期的对外援助工作中，中国没有充分落实“增强受援国自力更生能力”这一原则，对受援国往往有求必应，提供了大量的无偿援助，这就造成了受援国的过分依赖。当中国不能满足受援国要求的时候，就招致了它们的不满，成为它们指责中国的借口或原因。

专栏 3-2 商务部对外援助工作流程：以对环境可能产生影响的对外援助成套项目为例

“援外成套项目”是指在我国政府提供的无偿援助、无息贷款、低息贷款或其他专项援助资金项下承担的对外援助成套项目。

1．基本流程

对于该类援外企业的管理，商务部于 2004 年发布了《对外援助成套项目施工任务实施企业资格认定办法》，所有的援外企业必须通过此资格认定。在获得援外资格认定以后方能参加项目投标。商务部对外援助项目招标委员会负责对援外项目进行招标，并按照商务部于 2005 年修订试行的《对外援助成套项目施工任务评标原则》对投标单位进行综合评定，最后确定援外项目实施单位。

2．资格认定

承担援外成套项目施工任务的实施企业（以下简称“援外施工企业”）的资格由商务部按照有关规定进行审批。商务部将援外企业按照不同条件分成 A、B 两类。A 级援外施工企业可以承担所有援外成套项目的施工任务；B 级援外施工企业只可以承担总额在 5000 万元人民币（含）以下的援外成套项目的施工任务。其援外施工企业资格申请程序如下：

3．资格申请程序

（1）中央管理的企业向商务部申请援外施工企业资格。其他企业向注册地省、自治区、直辖市商务主管部门（以下简称“省级商务主管部门”）申请，省级商务主管部门自受理申请之日起 20 个工作日内完成初核；初核合格的，将初核意见连同企业资格申请文件一并报商务部审核。

（2）商务部应在受理中央管理的企业申请或收到省级商务主管部门初核材料之日起 20 个工作日内完成审核，完成审核后 10 个工作日内公布结果。

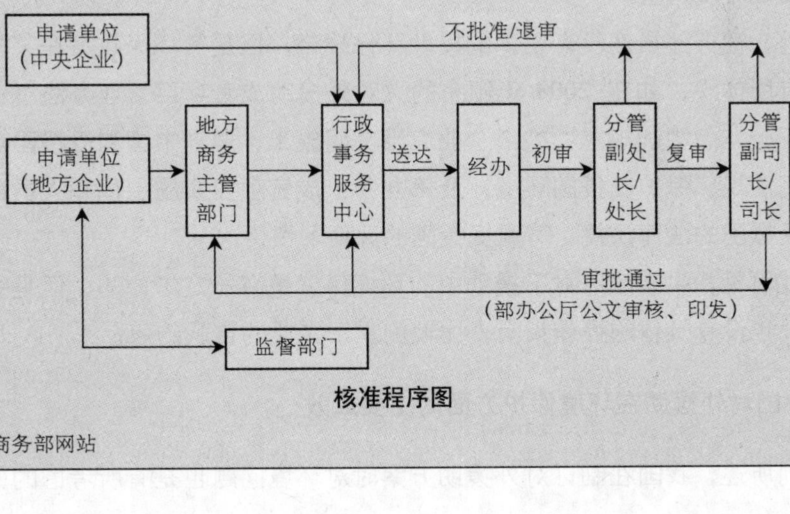

核准程序图

来源：商务部网站

第三，中国的对外援助长时间内存在“量力不足”现象。如 20 世纪 70 年代，中国在物资、人才和外汇严重不足的情况下依然向受援国提供巨额外援，对国内经济建设造成了一定的负面影响，这种现象到 20 世纪 80 年代以后才逐渐得到纠正。

第四，由于历史原因，中国的对外援助工作长期处于不公开状态，透明度较差。但中国对外提供援助又是一个世人皆知的事实。中国政府在援外工作上的不够透明不仅使国际社会对中国的援助工作心存怀疑，而且也不利于国内公众对援外工作的理解和支持。事实上，在运用援外手段维护国家利益这个问题上，中国政府应当大力宣传中国对外援助的政策和取得的巨大成就以增加对外援助的透明度。此做法对减少中国威胁论，加快对外援助政策完善（如环境政策）都有着十分积极的意义。

3.2 中国对外援助中的环境保护

3.2.1 对外援助环境管理现状

作为中国对外援助工作的主要管理部门，商务部在对外援助项目管理中并没有对环境保护方面的指南等约束性文件。但是在制订援助方案时会参考项目所在国包括环境保护在内的整体发展战略，从经济、环境等多个方面制订援助计划，努力将减少环境风险。

此外，商务部虽然没有整体的援助环保战略，但是其环保政策在某些管理文件中已有所体现，如在 2008 年颁布的《对外援助成套项目管理办法（试行）》中的第三十九条明确规定：施工企业应当文明施工，遵守中国和受援国环境保护的法律、法规，保护受援国环境；及第九条：成套项目实施主体和人员应当遵守中国和受援国的法律法规，尊重受援国的风俗习惯。

由此可见，中国政府对于援助中的环境保护是有一定考虑的，但是强制约束性较小，也没有具体的操作指南，比较侧重于企业的自我约束。

3.2.2 中国对外援助在环境保护方面的主要成效

如前所述，我国在制订对外援助方案时对环境问题也是有所考虑的，所以我国在对外援助的环境保护方面，特别是在对非洲国家的环境保护方面的贡献十分突出。

由于非洲脆弱的生态环境和落后的经济发展水平，它正成为全球气候变暖、环境恶化的最大受害者，在应对全球环境问题方面也处于最弱势的地位。因此，我国在制定援助战略上充分考虑这些国家的环境保护水平，不断向非洲国家提供环境治理的无偿贷款和技术，增加人才的引进和支持。例如我国和肯尼亚两国已签订了在经济技术、能源资源等方面的合作协定和谅解备忘录，今后两国还会签署环保方面的合作协议。此外我国积极参加很多环境保护的会议和论坛，例如中非环保合作会议。

在企业层面上，我国政府积极宣传企业社会责任，努力将环保责任灌输到援助企业的日常经营中去，引导企业提升自身环保责任。例如中石油海外项目始终坚持“提前预防、防患未然”与“不符合环保要求的决不立项、不符合环保要求的决不开工、不符合环保要求的决不投用”的“三不”原则，就很好地体现了我国援外企业的绿色形象。

3.2.3 对外援助中存在的主要环境问题

对外援助中的环境保护未纳入法制化的轨道。国外发达国家的对外援助法律都比较健全完善，对于环境问题约束明确。而中国到目前为止，缺乏一套完整的对外援助法律，在援助规划的制定也比较薄弱，这就给中国对外援助环境保护法规的制定增加了困难。到目前为止，中国没有相应的对外援助法律、法规。现有的援外制度体系仍是由部门规章为主体，由一系列规范文件和部门规章构成的。这就使我国对外援助中的环保问题难以做到有法可依。

对外援助管理机制尚未成熟，环境保护机制有待完善。近年来，商务部虽然开始致力于建立完整、规范的对外援助管理机制，对外援助管理机构和制度有了一定的基础，但是对于援外环境问题管理还是比较薄弱，目前仅在某些规章里出现一些环保条款，缺乏整体要求。而环境保护部门对于中国的对外援助没有实质上的管理及约束权。如何充分发挥两个部门的管理力量、建立成熟的对外援助环保机制成为急需解决的问题。

对外宣传不够。通过前面的案例研究，我们发现有很多案例都可以驳斥某些西方国家对于我国援外过程中环境问题的攻击。但是中国政府及企业对此宣传较少，这就对中国的援外工作造成了一些不必要的误解。

3.3 对外援助国际经验

3.3.1 概况

国际上很多组织和国家都对外提供对外援助。目前，国际援助体系目前由150多个多边机构，33个双边机构，其中22个国家为经济合作与发展组织发展援助委员会（OECD/DAC）的成员，至少10个提供了大量ODA但非DAC成员的政府以及正在迅速成长的全球纵向基金会（Vertical Global Funds）组成。其中，双边援助机构提供了总援助支出的70%，多边援助机构提供了其余30%。

根据经济合作与发展组织报道，2004年，发达国家向发展中国家提供官方发展援助786亿美元，比2003年实际增长4.6%，占发展援助委员会成员国国民总收入（GNI）总额的0.25%，达到历史最高水平。发展援助委员会共有22个成员国，其中15个成员国在2004年增加了官方发展援助。2004年，美国提供的官方发展援助总计190亿美元，比2003年实际增长14.1%。美国仍然是最大的官方发展援助国，其次是日本、法国、英国和德国。此外，丹麦、卢森堡、荷兰、挪威和瑞典的官方发展援助达到了联合国确定的占国民总收入0.7%的目标。

专栏3-3　多边援助

当前最主要的多边援助组织为联合国系统，主要为联合国所属的各专门机构，包括：联合国开发计划署（UNDP）、联合国儿童基金会（UNICEF）、世界粮食计划署（WFP）、联合国人口基金（UNFPA）、联合国环境规划署（UNEP）、联合国人类住区规划署（UN-Habitat）等，以及欧盟、世界银行及区域开发银行（如非洲开发银行、美洲开发银行和亚洲开发银行）、国际开发协会（IDA）等。多边援助以优惠贷款和赠款的形式为主，其中，区域开发银行、欧盟和IDA注重经济基础结构和生产部门，而联合国则在提供粮食和其他救助品援助中占支配性地位。一般来说，多边援助组织先是向各个国家募集资金，然后将募集到的资金提供给受援国。虽然目前多边援助机构只提供了30%的官方发展援助，但是其重要作用正日渐凸显出来。

上述国家对外援助的政府主管部门既有共性也有特性。多数国家的多边援助是由财政部负责；双边援助则差异很大，有的是由外交部负责，有的是由单独的经济合作部负责，还有的是多个政府部门共同负责。如果是多个政府部门负责，一般会有一个部际委员会作为常设的决策和协调机构。

总体上看，西方大国和一些国际组织的对外援助管理体制较为成熟和稳定。一般而言，既有明确的对外援助总体政策、国别援助计划和发展方向，又有政府、中介组织、企业和社会力量积极参与的立体化协调机制，使对外援助成为一种综合性的外交手段；还建立了援外效果评估机制，专门从事对援外项目的信息收集、统计和评估等基础性工作。

专栏 3-4　发达国家官方援助体系

目前，所有西方发达国家、OECD 所有成员国及部分发展中国家都对外提供官方发展援助（Official Development Assistances，ODA）。这些国家大都具有丰富的援外经验，通过较为完善的援外管理体制对援外活动进行管理，从而使援外活动高效务实。

各国对外援助的政府主管部门既有共性也有特性。多数国家的多边援助是由财政部负责；双边援助则差异很大，有的是由外交部负责，有的是由单独的经济合作部负责，还有的是多个政府部门共同负责。如果是多个政府部门负责，一般会有一个部际委员会作为常设的决策和协调机构。

西方大国和一些国际组织的对外援助管理体制较为成熟和稳定。一般而言，既有明确的对外援助总体政策、国别援助计划、发展方向，又有政府、中介组织、企业和社会力量积极参与的立体化协调机制，使对外援助成为一种综合性的外交手段；还建立了援外效果评估机制，专门从事对援外项目的信息收集、统计、评估等基础性工作。

1．日本

日本实施对外援助就有明确的总体目标和国别规划。2003 年 8 月，日本政府出台了最新调整的《ODA 大纲》，明确提出日本政府应积极、灵活地实施 ODA 援助，并通过其实现“国家利益”。在区域布局上，日本提出将援助的重点从“以东亚、东南亚为中心的亚洲地区”延伸到“包括南亚、中亚的亚洲地区”。其中亚洲地区对日本安全和繁荣有重大影响，是日本对外援助重点对象，东亚是重中之重。日本在政府开发援助的管理方面已经形成较为完善的规划、实施和评价体系。在管理架构上，日本 ODA 业务几乎涉及日本所有中央省厅，外务省作为窗口单位负责 ODA 统一协调和实施，并通过各种定期召开的联席会议机制，加强与有关省厅在 ODA 实施上的协调与合作。在评价机制方面，日本外务省自

2001 年开始设立了“ODA 评价内部反馈联络会议”和“外部有识者评价反馈委员会”，以提高评价的客观性和公正性，第三方机构“日本评价协会”还专门负责对 ODA 的评估、审查、发布评估报告书和提供政策建议。

这些对外援助的主要执行部门是日本国际协力银行和国际合作事业团。前者主要负责操作日元贷款和政府对外经济合作基金，后者主要负责对外技术合作和无偿赠送。

2．法国

法国的援外管理体制由四个层次组成：一是国际合作及发展部际委员会（CICID），由总理亲任主席，成员由与发展援助相关的 12 位部长组成，主要职能是每年制订一份总体规划，决定法国援助的方向，并监督法国发展合作的各相关机构在援助地区和领域方面与优先政策是否一致。二是外交部与财政、经济和工业部，负责具体援外合作内容的确定、管理及监测，其中财政、经济和工业部起决定性作用。三是法国开发署，该机构作为援外执行部门，负责援外合作计划和经济技术合作项目的实施及管理。四是法国国际合作高级理事会和法国国际合作公共利益集团，前者的主要任务是向政府部门就援助政策提出建议，后者则是为促使法国技术援助机构更好地适应双边合作新要求，增强法国在此领域国际投标市场的竞争力。这种多层次、多角度的援外管理架构，从宏观到微观强化了对外援助的职能，同时也使援助更加透明有效。

法国对外援助的执行机构是法国发展银行，该行具有官方经济部门和特殊金融机构的地位，由外交部和经济财政部共同主管。

3.3.2 欧盟对外援助发展概况

欧盟作为一个整体是目前世界最大的对外援助方，2003 年，欧盟（包括成员国层面和欧盟层面）对外援助和政府发展援助的总额已达到 300 亿欧元，占全球对外援助总量的一半以上。而欧盟对外援助总额中 1/5 的数额，是由欧盟委员会负责管理的，其资金来源主要是欧盟预算和欧洲发展基金（European Development Fund，EDF）。

目前，欧委会管理的发展援助资金的使用主要分为三大方向，分别为发展合作援助、人道主义援助以及对入盟候选国的援助。具体援助项目主要优先支持以下六个领域：贸易和发展、地区合作与发展、微观经济政策支持和公平获取社会服务（包括卫生和教育）、交通、乡村可持续发展和食品安全、机构能力建设（包括良好管理和法制）。

作为管理巨额援助资金和执行繁多援助项目的机构，欧委会有其自身一套严密的对外援助管理体系。欧委会参与对外援助事务的单位有对外关系总司、欧盟扩展总司、发展援助办公室、人道主义援助办公室和欧盟驻有关第三国使团。这些机构各有分工合作，共同管理欧盟的对外援助事务。

对外关系总司属于对外援助事务中的“设计师”，主要根据欧盟对外关系政策的需要，负责制定总体的对外援助方针，选定实施对外援助的优先领域。

发展援助办公室、人道主义援助办公室、欧盟扩展总司和欧盟驻有关第三国使团共同作为对外援助的实施机构，其中人道主义援助办公室主要负责人道主义援助，欧盟扩展总司主要负责对于入盟候选国的援助事务，发展援助办公室负责除此以外的其他援助项目。对外关系总司批准援助领域、援助计划和具体援助项目后，发展援助办公室、人道主义援助办公室、扩盟总司负责组织实施援助，并对项目实施进行监管和评估。欧盟驻有关第三国使团主要负责具体援助项目的执行。

自 2003 年起，欧委会对其对外援助管理体系进行了改革，主要目标是将援助项目的日常管理和日常决策权力下放到了欧盟驻受援国的外交机构，布鲁塞尔的总部机构如发展援助办公室、人道主义援助办公室等主要侧重于对于项目的监管、评估和提供专业意见支持等，以避免出现项目的管理者和决策者远离项目实施地，对当地情况不够了解，难以作出符合实际决策的现象。此举有利于欧盟驻受援国的外交机构根据当地实际及时对援助项目的具体实施途径进行灵活调整，以最大化地实现欧盟的援助目标，提高对外援助资金的使用效率。

3.3.3 国际援助与环境保护

国际对外援助经过几十年的发展，其援助思路随着国际局势的不断变化也经历多次转变，从发展初期侧重贸易、投资、技术的“开发援助”向突出整体利益的“战略援助”转型。随着环境问题不断得到世界各国的关注，加强官方援助中的环境保护、掌握环境问题的主动权就意味着在国际新秩序中的主导作用打下了坚实的基础。如日本，近年来不断提出 ODA 政策构想，通过提高 ODA 的综合效应，谋求在国际援助体系的各个领域把握主导权，成为“实际主导型”的 ODA 大国。而加强环保 ODA，是日本政府主要采取的一种手段。日本政府在 1992 年 6 月联合国环境与发展会议上提出“支援面向 21 世纪的环境与开发”的政策构想，承诺五年内提供 9000 亿～10000 亿日元的环保援助；到 1996 年已拨款 9796 亿日元，提前一年完成所承诺的数字指标。日本还先后两次主持召开

“非洲开发会议”，提出以人道主义、环境保护、相互依存、经济开发为理念的“新开发援助战略”和“东京行动计划”，得到经合组织开发援助委员会成员国的一致赞同，成为国际社会援助非洲的指导性政策方针。由此可见，官方援助中的环境问题已经不单纯是保护环境，而是大国提高自身国际影响力的一个重要平台。

3.4 小结

我国的对外援助事业已经走过了 50 多年的历史，在这 50 多年中，我国对外援助呈阶段性特点，对外援助规模扩大，覆盖的领域增加，从原来的输血型援助，到现在的建设项目、技术援助和能力建设相结合。中国对外援助在帮助受援国社会经济发展、技术改造和消除贫困等方面起到积极作用，同时也很好地树立了我国的大国形象。

但是，其中也存在一些问题。为了更好地提升我国对外援助水平，保护受援国的环境，我国政府应该在以下几方面加以考虑：

在加强对外援助理论研究的同时，充分考虑环境因素，做到援助与保护环境相互促进，协调发展。对外援助是中国整体对外政策的组成部分，是中国长期的可持续的和平发展战略的一个组成内容，是中国经济外交的具体实施步骤之一。它应该有一系列与之配套的原则、法则和措施，是一个科学决策的过程。环境保护作为可持续发展的一个重要保障，也是对外援助理论研究中不可或缺的一个方面。

在援外工作中要重视环境保护，做到规划先行，法规保障。要将对外援助中的环境影响缩减到最小，就必须做好项目规划，从事前、事中和事后等多个环节充分考虑潜在的环境风险，做到有的放矢。同时，政府相关部门也应该制定法规，实现援外规范化管理，使中国对外援助中的环境管理成为一项有目的、有法规的系统工程。

第 4 章　中国银行业对外信贷与环境保护

随着中国对外投资和援助的迅速发展，中国的银行业作为对外投资和援助的融资者和承贷者，发挥了巨大的作用。银行贷款占企业融资的比重很高，如果没有银行的支持，很多对环境有影响的项目可能因资金问题而无法实施，银行业的环境政策在很大程度上影响了企业海外经营与开发的环境保护。因此，在研究对外投资及援助的环境保护问题时，银行信贷是其中不可或缺的环节。

4.1 中国银行业对外信贷现状

目前，中国主要政策性银行和商业银行都开展了对外信贷业务，如出口信贷、对外劳务承包贷款、离岸业务、项目融资等业务，但从业务量上看，主要集中在中国进出口银行和国家开发银行两家政策性银行，以及中国银行、中国工商银行和交通银行等商业银行，此外，其他银行也通过参与银团贷款、提供出口信贷等方式参与企业的海外经营。

4.1.1 中国银行业对外信贷发展现状和特点

中国银行业对外信贷主要涉及对外援助、对外投资和对外贸易三方面，一般来说对外贸易项下的对外信贷不太涉及环境问题，而对外援助和投资则较多涉及环境问题。本部分主要分析对外投资和援助涉及的对外信贷问题。

中国银行业对外信贷的行业和国别（地区）分布与对外投资和援助有密切关系，主要集中在对外投资和援助较多的地区和行业，规模也与投资和援助的规模有关。从行业分布看，工程类、采矿业和制造业占比重较大。截至 2007 年，中国非金融类对外直接投资累计达 1179 亿美元，其中租赁和商务服务业 305 亿美元，批发和零售业 202 亿美元，采矿业 150 亿美元，交通运输、仓储和邮政业 121 亿美元，制造业 95 亿美元（表 4-1）。2007 年，中国对外经济合作完成营业额 479 亿美元，其中承包工程 406 亿美元，劳务合作 68 亿美元，涉及咨询 5 亿美元。从国别（地区）分布看，以承包工程为主，主要集中在亚洲和非洲以发展中国家为主的地区（表 4-2）。

表 4-1　中国非金融类对外直接投资按行业分布　　单位：万美元

行　业	对外直接投资净额		截至 2007 年对外直接投资净额
	2006 年	2007 年	
总　计	2116396	2650609	11791050
农、林、牧、渔业	18504	27171	120605
采矿业	853951	406277	1501381
制造业	90661	212650	954425
电力、燃气及水的生产和供应业	11874	15138	59539
建筑业	3323	32943	163434
交通运输、仓储和邮政业	137639	406548	1205904
信息传输、计算机服务和软件业	4802	30384	190089
批发和零售业	111391	660418	2023288
住宿和餐饮业	251	955	12067
金融业	352999	166780	1671991
房地产业	38376	90852	451386
租赁和商务服务业	452166	560734	3051503
科学研究、技术服务和地质勘查业	28161	30390	152103
水利、环境和公共设施管理业	825	271	92121
居民服务和其他服务业	11151	7621	129885
教育	228	892	1740
卫生、社会保障和社会福利业	18	75	369
文化、体育和娱乐业	76	510	9220

资料来源：2008 年中国统计年鉴

表 4-2　中国对外经济合作完成营业额按地区分布　　单位：万美元

国别（地区）	2006年				2007年			
	合计	承包工程	劳务合作	设计咨询	合计	承包工程	劳务合作	设计咨询
合计	3569497	2999281	537274	32942	4789953	4064258	676712	48983
亚洲	1699235	1377173	300661	21401	2387399	2035295	316754	35350
非洲	954933	932406	15198	7329	1269457	1237608	21650	10199
欧洲	381062	342337	37261	1464	406643	358596	47079	968
拉丁美洲	197042	191296	5188	558	292373	287786	3565	1022
北美洲	128640	120856	7686	98	108021	98526	8302	1193
大洋洲及太平洋岛屿	32118	30681	1373	64	43542	41838	1459	245
其他	4796	4532	163	101	4778	4609	163	6

资料来源：2008年中国统计年鉴

4.1.2 主要银行对外信贷发展

4.1.2.1 中国进出口银行的对外信贷

中国进出口银行（EXIM）成立于1994年，是直属国务院领导的、政府全资拥有的国家政策性银行，总部设在北京。目前，在境外设有东南非代表处、巴黎代表处和圣彼得堡代表处。

中国进出口银行是我国外经贸支持体系的重要力量和金融体系的重要组成部分，是我国机电产品、成套设备和高新技术产品进出口和对外承包工程及各类境外投资的政策性融资主渠道，外国政府贷款的主要转贷行和中国政府对外优惠贷款的承贷行，为促进我国开放型经济的发展发挥着重要的作用。其主要职责是贯彻执行国家产业政策、外经贸政策、金融政策和外交政策，为扩大我国机电产品、成套设备和高新技术产品进出口，推动有比较优势的企业开展对外承包工程和境外投资，促进对外关系发展和国际经贸合作，提供政策性金融支持。

中国进出口银行的业务包括出口信贷、承接中国政府对外优惠贷款、外国政府贷款转贷业务、筹融资业务、对外担保业务等多项内容。中国进出口银行在大力支持机电产品和高新技术产品出口的同时，积极推动实施“走出去”战略，把境外承包工程贷款、境外加工贸易贷款和海外资源开发贷款作为拓展出口信贷业务的重点，使其逐渐成为中国进出口银行业务的发展方向。截至 2003 年年底，中国进出口银行累计为企业“走出去”提供的信贷资金超过了 400 亿元人民币，其中，入选 2003 年世界最大的 225 家承包商的 43 家中国企业均得到了中国进出口银行的出口信贷支持[①]。此外，中国进出口银行还承接中国政府对外优惠贷款业务，向发展中国家政府提供具有援助性质的中长期低息贷款，在借款国建设有经济效益或社会效益的生产性项目、基础设施项目及社会福利项目，或供借款国采购中国的机电产品、成套设备、技术服务以及其他物资。

截至 2006 年年底，进出口银行累计支持了 656 个走出去项目，累计签约贷款折合 3005 亿元，累计发放贷款 1756 亿元。全行“走出去”项目本外币贷款余额为 923 亿元，占全行表内业务贷款余额的 40%。主要涉及铁路、公路、桥梁、机场、港口、住房、电信等境外基础设施建设项目，覆盖 100 多个国家和地区[②]。2007 年中国进出口银行共支持了 724 亿美元的机电产品和高新技术产品、农产品出口，对外承包工程和境外投资等“走出去”项目，2008 年这一数据达 1028 亿美元[③]。

目前，中国进出口银行在支持领域上继续加大对船舶、成套设备、电信、能源、电力、农业等战略行业的支持力度；在国别投向上进一步加强国别风险分析，加强对发展中国家的支持；在贷款类别上进一步提高项目贷款的比重，减少额度贷款的比重。

4.1.2.2 国家开发银行的对外信贷

国家开发银行是三大政策性银行之一，传统上开发行将重点放在国内投资上，现在也在将其投资国际化，在海外进行种植业及工业等方面的投资。

目前国家开放银行国际合作业务的工作重心在于基础设施建设领域和能源开发领域，完成了中石油、中石化、中化、中信海外重大并购项目，及中哈石油管道、五矿智利铜、中信集团收购加拿大内森斯能源有限公司哈萨克斯坦油气资产、中国化工集团公司收购法国安迪苏公司等重大项目。在欧亚地区，参加了俄

---

① 羊子林.企业“走出去”需要提供强有力的政策性金融支持。http：//hzs.mofcom.gov.cn/column/print.shtml？/ztxx/bw/bx/200405/20040500227723.

② 卢燕明，高晓欣.“走出去”战略的政策性金融支持（《进出口经理人》采访进出口银行副行长李郡）（OL）. http：//www.80075.com/xingzhengguanli/200807/24-180823.shtml.

③ 2007 年和 2008 年数据来自进出口银行 2007 年和 2008 年年报。

罗斯联合铝业、迪拜船坞世界、卡塔尔电信、哈萨克商业银行等国际银团贷款项目；在亚太地区，积极推进了澳洲铁矿、印度电信、印尼电厂等项目进展顺利；在美洲地区，积极推进中铝收购加拿大秘鲁铜业公司等重大项目，与安第斯开发银行建立合作关系；在非洲地区，南非、肯尼亚、乌干达、几内亚等重点国家的合作取得积极进展，与非洲开发银行、西非开发银行、中非开发银行等区域性多边开发性金融机构建立了广泛的联系。截至 2006 年年底，国家开发银行共支持“走出去”项目 105 个，贷款余额 187.60 亿美元；2007 年新增 75 个项目，支持“走出去”项目达 180 个，贷款余额 181.89 亿美元；截至 2008 年末，用于境外“走出去”项目的贷款余额为 404 亿美元①。

随着境外融资规模的扩大和国际合作业务的发展，国际开发银行融资支持的领域不断拓宽，包括当地的重点产业，水、电、铁路、电信等基础设施行业，农业、中小企业、中低收入住房、医疗等民生领域，以及其他帮助发展中国家解决温饱问题与经济发展的行业和领域。通过向外国金融机构授信、支持中国有实力的企业“走出去”、设立发展基金等方式，不断扩大其海外市场。2007 年，国家开发银行参与组建中非发展基金有限公司，首期 10 亿美元由国家开发银行出资承办。

4.1.2.3 中国银行的对外信贷②

中国银行作为我国四大商业银行之一，其信贷业务包括工商企业贷款业务、进出口企业贷款业务、房地产企业贷款业务、海外筹资业务等，是最早开展国际结算业务的银行。2007 年，中国银行的国际结算业务量达 1.4 万亿美元，首次突破万亿美元大关。

在业务发展中，中国银行注重由境内机构牵头营销工程承包、出口加工等“走出去”重点企业，海外机构积极参与营销和服务，开展保理、供应链融资、发票融资等业务，加强海内外机构在贸易融资、资产转卖、风险参与业务方面的协作。截至 2008 年年底，中国银行境外机构公司贷款余额折合人民币 4841.43 亿元，其中港澳地区 3198.61 亿元，其他海外地区 1643.82 亿元。为中国网通、

① 数据来自国家开发银行网站业务概览中战略重点部分.http：//www.cdb.com.cn/Web/Column.asp?ColumnId=12.

② 资料来源：中国银行，《中国银行社会责任报告 2008》.

中石油、中石化、中海油、华能和中远集团等重点客户提供海外项目融资，为中石化联合俄罗斯 Rosneft 收购 UDM 油气资源项目、中石化收购安哥拉 18 区块油气资源项目、国航与香港国泰航空互换股权、网通收购香港 PCCW25%股权及中石油、中石化、中化联合收购加拿大 Encana 公司油气资产等并购项目提供资金支持，融资总金额超过 106 亿美元。2008 年 3 月 14 日，中国华能集团公司宣布收购新加坡大士能源有限公司。中国银行作为主要贷款银行，为其提供 6 亿美元融资支持，全程参与华能集团此次收购，协助其加速海外规模扩张和拓宽海外市场。

中国银行独家承办财政部、商务部“对外承包工程保函风险专项资金”业务，为符合条件的国内对外承包工程企业开立投标、履约和预付款保函，支持了 80 余家大型承包工程企业在 60 多个国家和地区的项目，涉及住房、大坝、电站、成品油管线、供水和卫生工程、污水处理、工厂扩建改造、铁路建设等公共和民用设施，累计合同金额高达 269 亿美元。

此外，中国银行依托亚太、欧非、美洲三大银团贷款中心，加快海外业务发展。作为独家牵头安排行，成功安排了澳洲第一大电讯运营商 Telstra 6 亿美元银团贷款。作为协调安排行、代理行，牵头筹组印尼 Indrumayu 电站 5.92 亿美元出口信贷银团贷款。截至 2008 年末，银团贷款余额 213.6 亿美元，其中境内贷款余额 55 亿美元，海外（不含香港）贷款余额 158.6 亿美元，较 2007 年末增加 92 亿美元，增幅 43%。

4.1.2.4 中国工商银行的对外信贷

中国工商银行（ICBC）的对外信贷业务包括出口买方信贷、出口卖方信贷、境外应收账款融资、国际商业贷款、境外工程承包专项贷款、境外项目融资、境外投资股本金贷款七大品种。

近年来，中国工商银行高度重视发展国际业务，致力为我国企业的国际化运作提供完善的金融服务。在支持中国企业“走出去”发展战略的同时，工商银行也加快了自身国际化进程。自 2002 年 8 月与俄罗斯外贸银行签订 2 亿美元出口买方信贷总协议以及和中国出口信用保险公司签订与之相连的 2 亿美元出口信用保险总协议以来，中国工商银行已先后为俄罗斯电信、伊朗铁路机车、赞比亚电信和乌兹别克斯坦烧碱项目等提供了近 2 亿美元的出口买方信贷融资。此外，工商银行正在积极参与俄罗斯、乌克兰、伊朗、印尼、斯里兰卡、委内瑞拉等十余家买方信贷项目，业务范围遍及东欧、中东、非洲、东南亚等国家和地区[①]。2003 年年底中国工商银行与法国兴业银行为中兴通讯公司阿尔及利亚 CDMA-WLL20001X 系统设备及安装项目签署了出口买方信贷协议，金额 4010 万美元[②]。2005 年，中国工商银行和法国巴黎银行联合牵头，向巴西盖尔道阿斯米纳斯公司提供 2 亿美元的出口买方信贷，用于采购中国五矿集团和中冶集团提供的冶金设备。2006 年，由中国工商银行和法国巴黎银行联合牵头，向越南建设部第一建材公司提供贷款总额为 1 亿美元的混合出口信贷，用于由天津水泥工业设计研究院总承包的越南西宁水泥生产线工程建设[③]。

4.2 中国银行业的环境保护政策

中国的银行，对外信贷业务随着中国对外投资步伐的加快以及对外援助的增加而发展迅速，但与此相关的环境管理发展较为缓慢，一般来说主要参照国内有关规定或者满足投资所在地的环境法律法规要求。而目前国内银行业关于信贷中的环境政策仍不够完善，对外信贷业务的发展仍存在一些问题，这不仅与中国银行业关于信贷中的环境政策缺失有关，也与国内环境保护水平相对落后、环境保护政策需进一步完善有关。

4.2.1 中国银行业环境政策概述

4.2.1.1 中国银行业环境保护政策分析

从 1973 年 8 月第一次全国环境保护会议召开，到 2006 年第六次全国环境保护会议，30 多年来，中国的环境保护政策不断完善，形成了包括有关环境保护的政策法规、环境保护标准以及污染防治技术政策等各方面的环境保护政策体系。

目前我国有涉及环境保护的法律 29 部，与环境保护直接相关的主要包括循环经济促进法、节约能源法、固体环境保护法、水污染防治法、大气污染防治

---

① 李峻岭.工行为爱立信出口项目安排买方信贷（OL）. http：//finance.sina.com.cn/roll/20040722/2343893147.shtml.

② 工商银行开创中外银行买方信贷业务合作新模式（OL）. http：//news.stock888.net/040406/101，1317，651794，00.shtml.

③ 工行出口信贷业务落地越南（OL）. http：//finance.sina.com.cn/stock/t/20060727/0535821630.shtml.

法、环境噪声污染防治法、废物污染环境防治法、防沙治沙法、放射性污染防治法、环境影响评价法、清洁生产促进法等；行政法规 33 部，涉及海洋污染、水污染、固体废物污染、危险废物、危险化学品、核污染、濒危野生动植物保护以及建设项目环境保护等相关问题；部门规章 83 部，涉及领域更广，可操作性强，包括排污费、建设项目环境影响评价、环境标准等相关的管理规定；此外，还包括大量国务院及有关部门发布的规范性文件、与环境保护相关的经济政策。

现有环境保护标准 1000 多项，包括国家标准、行业标准和国家污染防治技术政策。从污染源角度看，涉及水环境保护标准、大气环境保护标准、环境噪声与振动标准、土壤环境保护标准、固体废物与化学品环境污染控制标准、核辐射与电磁辐射环境保护标准、生态环境保护标准等。此外，还包括清洁生产标准、环境影响评价技术导则、环境保护验收技术规范、环境标志产品技术要求、环境保护产品技术要求、环境保护工程技术规范等在内的其他环境保护标准。

4.2.1.2 中国银行业环境政策的发展现状和趋势

中国关于银行业环境保护政策的探索由来已久，一直以“绿色信贷”冠名。早在 1995 年，中国人民银行就发出过《关于贯彻信贷政策与加强环境保护工作有关问题的通知》，明确要求各级金融部门在信贷工作中要重视自然资源和环境的保护，把支持生态环境保护和污染防治作为银行贷款考虑的因素之一。2004 年，国家发展改革委员会、中国人民银行和中国银行业监督管理委员会也联合发布了《关于进一步加强产业政策和信贷政策配合控制信贷风险有关问题的通知》。2005 年 12 月发布的《国务院关于落实科学发展观加强环境保护的决定》中明确规定，建立健全有利于环境保护的价格、税收、信贷、贸易、土地和政府采购等体系，对不符合国家产业政策和环保标准的企业，停止信贷（周一虹，陈文文，2007）。

鉴于金融机构在推动环境保护方面可能发挥的作用，2007 年以来，国务院、环保部、人民银行、银监会相继发布了一系列政策法规，要求金融业全面加强“绿色信贷”政策。2007 年上半年，国家环保总局和中国人民银行曾就“共享企业环保信息”联合发布文件，把企业环保信息纳入企业信用信息基础数据库，为“绿色信贷”提供了初步的信息和技术支持。在此基础上，2007 年 7 月 12 日，国家环保总局、中国人民银行、中国银监会共同发布了《关于落实环境保护政策法规防范信贷风险的意见》。对不符合产业政策和环境违法的企业和项目进行信贷控制，以绿色信贷机制遏制高耗能高污染产业的盲目扩张。这是国家环境监管部门、央行、银行业监管部门首次联合出手，为落实国家环保政策法规、推进节能减排、防范信贷风险出台的重要文件，与信息系统相配合，是“绿色信贷”业务的一个有益尝试。银监会还印发《节能减排授信工作指导意见》和《关于贯彻落实国家宏观调控政策防范高耗能高污染行业贷款风险的通知》等，督促银行业金融机构以科学发展观统领各项工作，把信贷结构调整与国家经济结构调整和节能环保等工作紧密结合，调整和优化信贷结构，有效防范信贷风险，促进全国节能减排和环境保护政策的落实。

2007 年 11 月，银监会印发《关于加强银行业金融机构社会责任的意见》，要求大型银行比照联合国“全球契约”社会责任十项基本原则，履行社会责任，推动大型银行编制社会责任报告。2008 年 1 月，国家环保总局（现环保部）和国际金融公司签署协议，合作研究制定符合中国国情的绿色信贷指南，为深化绿色信贷提供技术支持；2009 年 1 月 12 日，中国银行业协会发布了《中国银行业金融机构企业社会责任指引》，督促银行业承担企业社会责任，促进经济、社会、环境的和谐与可持续发展。

可以看出，我国银行业信贷中的环境保护已成为相关部门日益重视的问题之一，随着环境保护和金融监管相关法律法规的健全，银行业信贷中的环境政策将日臻完善。

4.2.2 中国银行业对外信贷中的环境政策实施情况

4.2.2.1 中国银行业对外信贷中环境政策实施现状

我国银监会作为银行业监督机构，根据《国务院节能减排综合性工作方案》精神，结合银行业的实际情况，指导和督促银行业金融机构防范高耗能、高污染风险，调整和优化信贷结构。一是要求银行业金融机构从战略高度认识节能环保对金融可持续发展的重要性，加强信贷政策与建设资源节约型、环境友好型社会总体目标的协调配合；二是印发《节能减排授信工作指导意见》，对我国银行业金融机构开展节能环保授信的政策界限、管理方式、制度建设和监管政策等做出了明确规定，为银行业金融机构落实国家宏观调控要求、发展绿色信贷、促进国家产业结构调整和自身信贷结构调整提供了重要指导；三是积极联合环保部门，建立绿色信贷机制，与国家环保总局、人民银行联合印发了《关于落实环保政策法规防范信贷风险的意见》，对不符合产业政策和环境违法的企业和项目进行信贷控制，以绿色信贷机制遏制高耗能、高污染产业的盲目扩张；四是要求银行业金融机构依据环保部门通报情况，严格贷款审批、发放和监督管理，对未通过环评审批和环保设施验收的新建项目，不得新增任何形式的授信支持；五是搭建节能环保信息平台，建立信息共享机制，做好节能环保信息服务工作。2007 年，银监会与环保总局建立了环保政策法规、环境影响评价、企业环保合规等方面的信息交流与共享机制，帮助银行业金融机构及时掌握环保政策法规和企业环保合规的情况，督促其做好绿色信贷相关工作。2007 年 8 月，银监会向银行业金融机构转发国家环保总局公布的流域限批地区和挂牌督办企业名单，30 家企业受到信贷控制。

总体说来，银监会关于环境保护方面的要求和银行业的做法基本还是限于国内，在国内将授信支持与环境保护密切联系起来，对于对外信贷中的环境问题并未作出明确的规定。目前中国银行业对外信贷中的环境政策实施层次相对还处于起步阶段，主要是国内绿色信贷的扩展和延伸，一般来说按照项目所在东道国的法律要求、中国政府签署的国际公约以及中国的法律要求来落实环境政策。很多企业自己制定了简单的环境政策用于项目评估之中，这种简单的环境政策对于简化项目实施成本，促进当地的经济发展具有积极的作用，且对环境因素的考虑本身也有利于积极引导企业注重环境保护问题。目前采用赤道原则等世界银行或者国际金融机构推荐的环境政策的国内银行还不多，在对外信贷中采用这些原则的更少。

4.2.2.2 主要银行对外信贷中环境政策

(1) 中国进出口银行的环境保护政策

中国进出口银行（EXIM）为贯彻国家可持续发展战略，促进经济、社会和环境的协调发展，有效控制金融与信贷风险，根据《中华人民共和国环境影响评价法》、《中华人民共和国环境保护法》和《建设项目环境保护管理条例》等国家有关法律法规，参考国际金融组织环境与社会评价的有关规定与程序，于 2007 年 8 月 28 日颁布《中国进出口银行贷款项目环境与社会评价指导意见》

（以下简称《指导意见》）。

根据该《指导意见》，中国进出口银行在贷款审查时，除考虑贷款项目的经济效益外，还要考虑社会效益与环境保护要求。其中关于境外项目的环境影响评价要求遵守以下几个原则：一是在贷前调查和贷时评审时进行环境影响评价，在贷后管理时对环境影响进行监控；二是以项目所在国的环保政策和标准作为评价基础，如果项目所在地环保机制不健全、缺乏相应的评价政策和标准，则参照我国标准或国际惯例执行；三是尊重当地居民对土地、资源的权利，妥善处理移民问题；四是对当地环境产生严重负面影响的项目，应按照项目所在国要求公开咨询意见。进出口银行还将根据环境与社会影响评价结果，对项目的建设与运营情况进行检查与监督，对产生重大环境和社会问题的项目，中国进出口银行有权要求借款人或项目业主采取措施及时消除影响，对未按要求消除影响的项目，有权按照合同约定，采取停止发放贷款、提前回收贷款等措施。

中国进出口银行的环境保护政策，主要是从事前、事中和事后三个环节加强对项目环境影响的监控和管理。

①事前——项目评审环节。中国进出口银行将项目的环境影响评估作为项目评审的基本条件和要素之一，要求寻求进出口银行支持的项目，必须进行环境影响的可行性分析，得到所在地/国的环境管理部门的认可或批准，对不利于环境保护或得不到环境管理部门认可或批准的项目，一律不予提供支持。这一政策在中国进出口银行支持的国内外上千个项目中得到贯彻。

②事中——项目检查环节。中国进出口银行对项目执行进行定期检查，检查内容包括所执行的项目对环境造成的影响。对那些在执行过程中对环境开始产生不可接受的负面影响的项目，中国进出口银行将要求执行单位及时采取补救或预防措施，否则，将停止提供支持。

③事后——项目后评价环节。项目中止或执行完毕后，中国进出口银行会对项目执行情况、完成情况及其影响进行后评价。环境评价是后评价的必须内容。根据后评价的情况，中国进出口银行会对类似项目的事前和事中环境要求将做出修正。必要时，全面修正有关的要求和政策。

通过以上分析，我们发现中国进出口银行是中国较早制定环境经济政策的银行，但与国际金融机构制定的环境政策相比，进出口银行的环境政策不管从条文内容，还是从实际操作方面仍然较为简单，且实施时间较短，最近几年才开始实施。从条文的规定方面看，中国进出口银行所采用的环境标准相对较低，如以项目所在国的法律和标准为基础，或者以中国的标准为基础，而大多数国际机构制定的环境政策则要求较高的环境标准。

(2) 国家开发银行的环境政策

国家开发银行为配合世界银行贷款项目，制定了《微小企业贷款项目环评框架》，以使用世界银行的长期转贷款（1.0 亿美元）以及相应的技术援助贷款，向合作银行提供技术援助和转贷资金，通过合作银行向符合条件的微小企业发放贷款。微贷款对象是贷款需求在 100 元到 50 万元之间的微小企业。《环评框架》是根据世界银行环评政策 OP4.01 和中国相关法律法规编制，目的是保障微贷款项目支持的所有业务活动是环境友好的，符合中国相关法律法规和世界银行环境政策要求。国家开发银行及其合作银行将设立包括环境咨询专家在内的环境管理组，具体负责本环评框架的实施。

为支持《国务院关于印发节能减排综合性工作方案的通知》和《国家环境保护“十一五”规划》，认真履行金融机构支持节能减排的职责和社会责任，推动环境保护贷款业务健康发展，国家开发银行先后发布了《国家开发银行环境保护项目开发评审指导意见》、《国家开发银行节能减排专项贷款业务指导意见》和《国家开发银行污染减排贷款工作方案》。目前，国家开发银行正在积极研究采纳赤道原则，并逐步建立完善赤道原则实施体系，进一步推动其在可持续发展领域的进程。

国家开发银行在信贷方面的环境政策主要包括客户准入评审、贷前环境评审和贷后环境监控。在客户准入评审中主要审查的要素包括企业环境违法信息、企业必须遵守的环保法规及环保达标文件、企业获得的与环保及卫生法规有关的批准或豁免说明等。在贷前环境评审方面主要审查的要素包括没有通过环境影响评价审批的项目；项目效益评估，将资源环境代价统筹纳入企业经营成本等。贷后环境监控方面的审查要素主要包括征询当地环保主管部门意见，对项目的实施情况进行检查，以确定项目的建设、生产、运营是否达到环境保护要求。

在对外开展业务的过程中，国家开发银行遵循在环境及社会方面的国际公约及当地的法律法规，尊重当地的民族习惯、习俗，遵守当地劳工保护标准和环境保护标准，按照国际惯例制定投资项目的社会与环境评估要求，积极履行社会与环境责任。

国家开发银行的环境政策在近两年得到了迅速发展和完善，既有为了配合世界银行的贷款项目而制定实施的环境政策，也有在所有贷款项目中实施的环境政策。但国家开发银行的环境政策主要还是按照中国的法律在国内实施，其在对外信贷方面主要还是尊重项目所在地点法律法规和标准。值得关注的是，国家开发银行已经在考虑采纳赤道原则，其对外信贷中的环境政策将会有进一步发展。

（3）中国银行的环境政策

中国银行积极响应国家循环经济理念，贯彻中央宏观经济政策和可持续发展方针，使用金融手段促进节能减排与环境保护。中国银行深入贯彻“绿色信贷”的经营理念，严格限制对高耗能、高污染及产能过剩行业中落后产能和工艺的信贷投入，对钢铁、铜冶炼等行业控制授信增长速度；对纺织、焦炭和水泥行业提高了准入条件；对电解铝、铁合金合电石行业严格限制新增授信，将重点放在优化存量授贷与提高信贷质量方面。加大对环保产业和节能减排的支持力度，逐步建立绿色信贷长效机制，在授信审批中实行“环保”一票否决制，加强对“高耗能、高污染”行业的授信管理，明确节能减排的具体要求，将环境安全因素落实到信贷资金的贷前、贷中和贷后管理各个环节。建立动态跟踪、监测和分析机制，对“两高”企业实行名单制管理，加强与国家环保部门的沟通，及时了解企业在防污减排方面的执行情况。

可以认为，中国银行虽然在贷款方面有一些关注环保的做法，但未见明确的环保政策，并且在其公开文件中所述在环境方面的作为仅限于国内贷款方面，对于对外信贷方面没有明确的环境政策。

（4）中国工商银行的环境政策

中国工商银行虽然近年来非常重视国际业务，海外融资项目逐年增加，但与中国银行比较类似，在国内信贷方面制定了一些政策，但在国际融资业务中仍未见清晰的环境政策，并未将环境政策纳入到其对外信贷业务之中。

（5）兴业银行

在国际上，银行关注可持续发展已经逐步成为主流。在中国，绿色银行的理念还处于萌芽状态。尽管政府已经制定了严格的环境法规，但还是有些银行由于认识不足而违规支持了一些污染项目。最近几年，社会对企业承担社会责任的呼声越来越高，绿色理念开始得到银行认可。一批前瞻性的银行主动承担社会责任、积极关注金融活动中的环境与社会问题。2006 年 5 月，兴业银行与 IFC 合作在国内首创推出“节能减排项目贷款”。2007 年 10 月，兴业银行正式加入联合国环境规划署金融行动（UNEPFI），郑重承诺遵循相关环境法规，将环境因素纳入商业决策的考量范畴，支持可持续发展。2007 年 11 月，兴业银行与 IFC、国家发改委资源节约和环境保护司、国家发改委能源研究所和金融时报社在北京共同举办“2007‘节能中国’高层论坛暨‘绿色信贷’创新研讨会”，积极倡导绿色信贷。2008 年 7 月 1 日，兴业银行发布公告称，公司董事会通过了关于申请加入“赤道原则”的议案。

4.2.2.3 中国银行业对外信贷环境政策存在的问题及其主要原因

（1）中国银行业对外信贷环境政策存在的问题

中国的银行业在对外投资和对外援助项目中没有普遍采用目前较多国外银行采用的“赤道原则”，而是参照中国的有关法律和政策及银行自己的有关规定进行项目的环境影响评价，因此而受到质疑。目前中国银行业对外信贷在环境保护方面存在的主要问题包括以下几个方面：

- ☞ 银行参与的一些生产性项目、基础设施项目对当地环境带来了较大影响，破坏了当地的自然环境，如破坏森林，或者对地下水产生污染等。
- ☞ 银行参与的一些大坝等大型基础设施建设项目涉及大量移民问题，被西方发达国家和非政府组织认为是忽视人权问题。
- ☞ 银行参与的一些农业项目如种植业影响了动物的自然栖息地，破坏生态环境。
- ☞ 银行参与的一些采矿业存在工作场所危险问题，对劳工的保护不够。

此外，一些国际观察人士已经开始对中国银行发出警告。很多签署了赤道原则的国际银行抱怨，中国缺乏银行环保标准造成了不公平的竞争状况。美国环保协会国际项目高级律师兼负责人 Bruce Rieh，在 2006 年 12 月北京举办的“中国金融、环境与和谐社会研讨会”上明确表示：“中国在亚非地区的环境和社会敏感性领域的大型项目融资方面扮演了越来越活跃的角色，但到目前为止，中国的银行因为缺席‘赤道原则’而显得格外突出。”但令人欣慰的是，2008 年兴业银行已经正式加入赤道原则，成为我国首个绿色信贷的积极参与者。

（2）主要原因

中国银行业对外信贷中环境问题，产生的原因可以概括为以下几个方面：

①银行业投融资决策中的环境政策发展滞后。中国银行业在投融资决策方面的环境政策起步晚，发展相对滞后。银行在经营活动中也缺乏完善的环境政策。由于我国环境保护事业发展较西方发达国家起步晚，发展相对落后，虽然近年来加快制定各种环境政策，提高环境保护水平，但总体说来与发达国家仍然存在较大差距。中国的银行海外投资历史较短，仅十几年的时间，有关海外投资决策中的环境政策发展滞后，作为承担政府优惠贷款的政策性银行、进出口银行也是近两年才制定了有关的环境政策，且相对比较简单。环境政策的缺失导致了海外投资项目中环境风险不能被很好地控制，从而产生各种环境问题。

②融资项目所在地环境保护水平较低。在“走出去”政策的指导下，中国企业正积极进行海外投资，在具有比较优势的地区设立工厂，进行生产加工。为支持国内生产，很多企业在世界各地开发和采购木材、矿产、石油和天然气等自然资源。但由于世界上大部分易得的优良资源都已为西方公司所有，中国企业通常只能冒更大风险去政局动荡或者更偏远的地区寻求机遇。而这些地方由于经济发展水平较低，环境保护水平落后，其本身的环境要求就较低，加上过度依赖自然资源，因此属于环境敏感和生态脆弱地区。从 2008 年国家统计年鉴数据可以看出，2006 年和 2007 年，中国对外经济合作主要集中在亚洲和非洲地区（见表 4-2）。银行业为响应国家实施“走出去”战略的号召，积极为“走出去”企业提供金融服务和支持，因此不可避免地在这些地区开展业务，参与到备受关注的项目之中。

③环境敏感度较高的行业在中国非金融类对外直接投资所占比重较高。环境敏感度较高的行业在银行提供融资的对外投资中所占比重较高。从中国非金融类对外直接投资行业分布看，采矿业、制造业、农、林、牧、渔业、交通运输、水电站等基础设施建设项目所占比重较大，这些行业是环境敏感度比较高的行业，也是有关国际机构和非政府组织比较关注的领域，而这些项目多数由银行提供融资支持（表 4-1）。

④中国银行业环境标准相对较低，竞争压力大。中国银行业执行的环境标准相对较低，在国际市场竞争压力较大。由于国际信贷市场竞争较为激烈，也导致了中国的银行在选择承贷项目时所选余地较小，为了业务发展的需要，通常也会

积极为这些企业提供资金支持。与发达国家先进银行相比，中国银行业环境标准相对较低，银行自身管理能力和风险防范意识也有待进一步提高，对于涉及环境和社会问题的因素考虑不周，防范环境风险导致的信贷风险不力也是一个比较重要的原因。

4.2.2.4 小结

中国涉及对外信贷的银行主要是中国进出口银行和国家开发银行两家政策性银行，以及中国银行、中国工商银行和交通银行等商业银行。随着我国对外直接投资的增加，中国银行业对外信贷的规模呈迅速增加趋势。

中国银行业对外信贷的环保政策比较缺乏，没有形成体系。在这些银行中，中国进出口银行是较早制定环境经济政策的银行，但与国际金融机构制定的环境政策相比，进出口银行的环境政策不管从条文内容，还是从实际操作方面仍然较为简单，且实施时间较短。国家开发银行的环境政策主要是为了配合世界银行的贷款项目而制定，并且主要在国内实施。其在对外信贷方面仍未见明确的环境政策。中国银行虽然在贷款方面有一些关注环境保护的做法，但未见明确的环保政策，并且在其公开文件中所述在环境方面的作为仅限于国内贷款方面，对于对外信贷方面没有明确的环境政策。

随着对外直接投资的增加，尤其是给对外直接投资的能源、资源、水利、交通等开发项目提供信贷，导致国外媒体批评中国银行业在对外信贷中不考虑环境保护或没有环保政策。所以，我国银行应该加快完善环保政策，为我国“走出去”战略提供资金保障。

4.3 绿色信贷的国际经验及其措施

国际机构和发达国家的银行在其长期的信贷实践中，针对信贷可能产生的环境问题，从负责任的角度，对信贷都提出了一些环境规定，有的是宏观政策，也有一些是指导银行信贷的环境指南。

4.3.1 国际金融机构的环境保护政策

一些有影响的国际机构为了推动对外投资、援助和信贷方面的环境保护，制定了许多重要的环境政策和指南。这里重点介绍联合国、世界银行和经济合作与发展组织（OECD）对外投资、援助和信贷方面的规定。

4.3.1.1 联合国负责任的投资原则（PRI）

2006 年 4 月 27 日，联合国秘书长安南在纽约证券交易所主持了一个国际“负责任的投资原则”的签字仪式，与来自 16 个国家的世界主要投资机构的负责人共同发起了国际“负责任的投资原则”（Principles for Responsible Investment），为国际投资者提供环境、社会和公司治理方面的决策和行动指南。

“负责任的投资原则”是多个国际投资机构在安南的倡议下，由联合国环境规划署“金融倡议”（UNEP FI）和联合国“全球契约”（UN GC）协调，花了近一年时间起草制定的。

“负责任的投资原则”一共提出了 6 大投资原则，其中包括 35 种可以采取的行动。这 6 大原则分别是：

☞ 把环境、社会和公司治理（ESG）问题包括在投资分析过程中；
☞ 把环境、社会和公司治理问题纳入政策和实践中；
☞ 要求所投资的实体透露环境、社会、公司治理方面的政策和实践；
☞ 在金融投资业促进对这些原则的接受和执行；
☞ 共同努力，提高这些原则的执行效果；
☞ 相互通报在执行这些原则时采取的行动和取得的进展。

4.3.1.2 联合国环境规划署金融计划

联合国环境规划署（United Nations Environment Programme，UNEP）成立于 1973 年 1 月，主要负责统筹组织联合国的全世界环保工作。联合国环境规划署自成立以来，为保护地球环境和区域性环境举办了各项国际性的专业会议，召开了多次学术性讨论会，协调签署了各种有关环境保护的国际公约、宣言、指南和议定书，并积极敦促各国政府对这些宣言和公约的兑现，促进了环保的全球统一步伐。

（1）“金融倡议”（UNEP Financial Initiative）的产生和发展

1991 年，德意志银行、汇丰银行、加拿大皇家银行等商业银行开始与联合国环境规划署一同发起推动制定“银行业环境意识日程”和《银行业关于环境和可持续发展的声明》。1992 年 5 月，联合国环境规划署在纽约发布《银行业关于环境和可持续发展的声明》，并确立了“银行业倡议”的内容，鼓励全球优秀金融机构通过签署声明加入该组织。

1997 年，《银行业关于环境和可持续发展的声明》重新修订，并更名为《金融机构关于环境和可持续发展的声明》，“银行业倡议”也被更名为“金融机构倡议”。2003 年，联合国环境规划署将“金融机构倡议”和 1995 年设立的“保险业倡议”合并，统称“金融倡议”。这个倡议致力于促进金融机构发展与改善和保护环境之间的紧密联系，推广可持续发展的金融理念，督促金融机构投身于可持续的金融实践。

《金融机构关于环境和可持续发展的声明》由“可持续发展承诺”、“环境管理”与“公共意识和交流”三个部分构成，它倡导签署机构承诺遵守环境法规，建立环境管理系统，将环境保护置于金融决策的核心位置，确保其在制定政策和行动中能够促进环境保护和可持续发展。

在“可持续发展承诺”部分，金融机构确认可持续发展是金融机构的共同责任，是履行企业公民义务的重要组成部分。可持续发展是良好商业管理的一个基本要素，高效的管理制度和经济手段的适当运用是实现可持续发展的最佳途径，金融服务部门应配合其他经济部门为可持续发展作出重要贡献。

在“环境管理和金融机构”部分，金融机构承诺必须遵从各项环境保护法规，将环境因素广泛纳入其市场业务、资产管理和其他商业决策中，在环境评估和管理过程中识别和量化环境风险，定期开展内部环境评审，鼓励开发和促进环保型金融产品和服务；督促客户遵守环境法规，采取正确的环保措施；采用最科学的环境管理办法，提高能源效率再循环以及减少浪费，并设法与遵循同样高环境标准的伙伴、供应商及分包商建立商业关系。

在“公共意识和交流”部分，金融机构承诺制定并公布环境政策声明，定期报告将环境因素纳入经营的一体化而采取的步骤，承诺与客户和其他金融机构共享环境风险评估管理信息和可持续金融实践和经验，推行最佳做法，帮助客户和同行业增强控制环境风险和促进可持续发展的能力，与包括股东、员工、客户、政府和公众等在内的利益相关者建立公开的交流对话机制。

中国招商银行于 2007 年 10 月 11 日，正式宣布加入联合国环境规划署金融行动，并表示该行目前已制订了全方位的绿色金融行动计划。这是中国首家制定绿色金融行动路线的国内商业银行。

（2）《指点钱途：联结环境、社会、治理因素与公司价值》

联合国环境署金融倡议发布了一份题为《指点钱途：联结环境、社会、治理因素与公司价值》的研究报告。这份报告研究了环境、社会和治理因素（简称ESG因素）对公司价值的影响。这份报告对金融从业人员来说是一份非常好的工作指南，它将环境、社会和治理标准系统融入企业的根本分析决策过程，说明了环境对企业发展的重要性。

报告一共讨论了 12 个案例，分别是：①荷兰银行案例《森林与可持续发展：巴西林木产业的风险与机遇》；②CM-CIC 公司案例《汽车行业的财务与非财务分析》；③CM-CIC 公司案例《航天国防行业的财务与非财务分析》；④德意志银行案例《超越数字：公司治理的实质》；⑤DrKW 公司案例《欧洲人口趋势：一只脚已踏入坟墓？》；⑥高盛公司案例《将可持续性金融框架引入欧洲传媒产业》；⑦摩根大通银行案例《肥胖问题：重塑食品行业》；⑧美林银行案例《绿色物业：物有所值么？》；⑨摩根斯坦利银行案例《化工产业与碳信用》；⑩摩根斯坦利银行案例《资本产品和清洁煤的机遇》；⑪ 瑞士银行案例《食品与饮料：公司责任》；⑫ 西德意志银行案例《汽车行业的排放标准》。

基于这些案例研究，《指点钱途》提出了三条重要发现。首先，有充分证据表明，ESG因素可以实质性地影响股东价值，不论是短期价值还是长期价值。例如在巴西林木产业的案例中，荷兰银行指出，对林木资源的长期、可持续管理以及减少林木废弃物的措施，可以在一定程度上降低林木开采的成本，并且能够帮助林木制品公司获得有关的可持续发展认证，有了这些认证，公司就可以减少购买保险和筹措资金的成本，有利于实施产品的差异化战略。其次，ESG因素对股价的影响是可以予以评估和量化的。例如，西德意志银行研究了排放标准对汽车制造商赢利的影响，计算出排放标准成本。据估计，为达到新的排放标准，7 家欧洲汽车公司的利润将降低 15%～30%，具体数字可以根据汽车排放性能以及公司汽油车、柴油车的比例计算出来。最后，一些关键 ESG 因素的重要性已经越来越突出，同一因素对不同行业的重要性也有所不同。譬如，汽车行业和林木制品行业受全球变暖的影响最大，而食品行业和饮料行业则需要更多地考虑食品安全、营养、健康等问题。

报告呼吁那些为投资者服务的金融中介机构将 ESG 因素整合到他们的业务中去，从而帮助投资者关注环境、社会与治理问题。例如，行业分析师可以在研究报告中使用 ESG 因素的分析方法，指数提供商可以提供融合了环境、社会因素的指数产品。

近年来，联合国一直呼吁金融机构在投资中考虑 ESG 因素的影响，并先后推出了一些非常有价值的研究报告。《指点钱途》只是其中之一。早在 2004 年，联合国全球契约（UN Global Compact）就曾经联合 UNEPFI 和众多金融机构联合发布了《有心者胜（Who Cares Wins）》研究报告，首次提出并全面介绍了 ESG 因素在投资管理中的重要作用。该报告在业界引起了广泛的影响，也被翻译成中文。《指点钱途》可以说是《有心者胜》的姊妹篇，它在《有心者胜》的基础上，更具体地阐述了 ESG 因素如何对投资产生影响，并通过非常具体的案例介绍了主流金融机构管理 ESG 因素的一些战略和措施。

4.3.1.3 世界银行

世界银行是成立于 1945 年的国际组织，其一开始的使命是帮助在第二次世界大战中被破坏的国家重建。今天世界银行的主要帮助对象是发展中国家，帮助它们建设教育、农业和工业设施，以使这些国家摆脱贫困。

在目前全球可持续发展的大背景下，世界银行作为全世界最大的发展援助机构，也将环境保护与融资信贷结合在一起，把环境政策渗透到其各个程序规范中。在世行的全部贷款业务中，约 13%（130 亿美元）的贷款用于环境和自然资源保护。世行还继续完善其环境和社会保障政策的应用，在全部新投资贷款中，约有 83%的投资贷款取决于环境评估。这反映出世行要更严格地应用保障政策。①

（1）世界银行的环保政策

世行并没有专门的环保政策，其环保政策涵盖在各个业务程序中。主要包括业务指令、业务政策、业务程序和良好操作，其中又主要涉及了十项环保政策：环境评估、自然栖息地、病虫害防治、林业、水坝安全、国际水道项目、争端地

① 数据来源于世界银行网站，http：//web.worldbank.org/WBSITE/EXTERNAL/EXTCHINESEHOME/EXTFAQSCHINESE/0，contentMDK：21146122~pagePK：98400~piPK：98424~theSitePK：3099031，00.html.

区的项目、文化财产、当地民族及非自愿移民。这些政策的共同目标就是在世行各项业务的开展过程中充分融入环境保护政策，减少对环境的破坏，以达到可持续发展的目标。

其中，世行在其业务政策中规定，所有申请世行援助的项目都必须首先进行环境影响评价，充分考察了该项目对环境可能造成的影响，并且在环境影响评价中列明准备对不良影响采取的预防或补偿措施，从而确立了环境影响评价的基础地位。

(2) 世界银行的环境影响评价

1989 年，世行把实施和完成环境影响评价作为其批准贷款的先决条件。世行规定，进行环境评价是借款人的责任。对拟使用世界银行资金的项目，世界银行要求进行环境评价，以确保这些项目在环境方面没有问题，而且具有可持续性，从而有助于进行决策。为此，世行制定了有关环境评价政策和项目环境审查程序及步骤，并颁布了有关环境评价的工作指南。环境评价包括：评价一个项目潜在的环境风险及对受影响区域产生的影响；检验项目的替代方案；通过预防、削减、缓解或补偿不良的环境影响以及增强有利的环境影响等措施，来改进项目筛选、选址、规划、设计和实施等活动；在项目的整个实施过程中采取措施，缓解和管理那些不良的环境影响。在任何可行的情况下，世界银行总是支持预防性的措施，其次才是缓解或补偿性措施。

环境评价应综合考虑自然和社会各方面的因素，包括自然环境（空气、水和土地）；人类健康与安全；社会因素（非自愿移民、少数民族和文物）以及跨越国境的环境问题和全球环境问题。环境评价也需同时考虑项目的不同情况和所在国的具体情况；所在国环境研究的成果；国家环境行动计划；国家的全面政策框架、立法与环境和社会有关的机构能力；以及在相关国际环境条约和协议下适用于项目各种活动的国家责任。通过环境评价，如果确认部分项目内容与国家这种责任相抵触，世界银行将不会为其提供资助。环境评价在整个项目周期中应尽早启动，并与拟议项目的经济、财务、机构、社会和技术分析紧密结合在一起。

项目环境评价的广度、深度和分析类型取决于项目本身的特性、规模和潜在的环境影响。根据项目的类型、位置、敏感度和规模，以及潜在环境影响的特性和大小，世界银行将拟议的项目分为以下四类：

A 类：如果拟议项目将会产生重大的不良环境影响，而且这些影响是敏感、多种或空前的，同时有可能超出工程的现场或设施范围，则将该项目划为 A 类。A 类项目的环境评价将审查项目潜在的积极和消极的环境影响，与其他可行的替代方案（包括“无项目”情况）相比较，并推荐可用于预防、削减、缓解或补偿不良影响及改善环境性能的各种措施。对 A 类项目，借款人负责准备报告，通常是环境影响评价报告（或一个相宜的综合区域性或部门环境评价）。需要时，应包括其他环境评价方法。对 A 类项目，借款人应聘请与项目无从属关系的独立环境评价专家进行环评工作。对风险高、争议大或涉及多方严重环境利害关系的 A 类项目，借款人通常应聘请一个由独立的、国际承认的环境专家组成的顾问组，对项目中有关环境评价的各个方面提出建议。

B 类：如果拟议项目对人群或重要环境地区——包括湿地、森林、草地和其他自然栖息地产生的不良环境影响小于 A 类项目时，则划为 B 类。这些影响仅限于现场；很少是不可逆的；在大多数情况下，设计缓解措施比 A 类项目更容易。B 类项目的环境评价范围虽然随项目不同有差异，但都比 A 类项目范围小。与 A 类项目环评一样，B 类项目环境评价将审查项目潜在的积极和消极的环境影响，推荐可用于预防、削减、缓解或补偿不良影响及改善环境性能的各种措施。B 类项目环境评价结论将在项目文件（项目评估文件和项目信息文件）中说明。

C 类：拟议项目对环境的不良影响很小或没有影响。环境筛选后，C 类项目不需要进一步作环境评价。

FI 类：如果世界银行资金是通过金融中介进行投资，其子项目可能会导致不良环境影响时，属 FI 类项目。对此类项目，世界银行要求金融中介对拟议的子项目进行环境筛选，并保证子项目贷款人对每一子项目进行相应的环境评价。在批准每一子项目之前，FI（通过自己的雇员，外聘专家或环境机构）要核实该项目是否满足国家和当地政府相应的环境要求，是否遵循本业务政策以及世界银行的其他适用环境政策。

在进行环境评价时，可根据项目的不同，使用一系列方法以满足世界银行的环境评价要求：环境影响评价（EIA），区域性或行业环境评价，环境审计，危害或风险评价，以及环境管理计划（EMP）。当项目可能产生行业或区域性影响时，需要做行业或区域性环境评价。

在严格评价要求的同时，世界银行还要对借款国的环境评价工作提供帮助，对环境评价的结果进行审查，最后还要对环境评价的执行进行监督，以确保借款国的环境评价工作达到世界银行的要求，真正将发展项目对环境的负面影响降到最低点。

(3) 世界银行的《污染预防和治理手册》

1988 年，世界银行出版了《环境指南》，对涉及与污染有关的项目的员工和顾问提供了技术咨询和指导。1999 年，世界银行出版了《污染预防和治理手册 1998：走向清洁生产》，以此来更新和替换《环境指南》。

《污染预防和治理手册》内容主要包括污染防治政策的制定、实施和具体案例以及 40 多个工业行业的污染防治指南。这些指南贯彻了清洁生产、污染预防、提高能源效率、降低资源消耗以及良好的管理等理念，通过开展污染预防，包括利用清洁生产和良好的管理技术，获得环境和经济利益，进而促进可持续发展。

《手册》由三部分组成。第一部分是根据世界银行集团内外十年间的实践经验而总结出的对污染管理方面主要政策概述；第二部分是基于世界银行集团项目的经验和来自于这个领域其他机构和组织的政策和实践的经验教训，而列出的在实施政策目标方面好的实践；第三部分给出了在世界银行集团项目的准备过程中被应用的详细的指南。指南描述了一些良好的环境管理实际措施，覆盖了 40 个工业行业，代表了最新技术发展水平，考虑如何降低来自于生产过程的污染排放。在许多情况下，指南不仅提供了可以量化的削减污染的目标，而且提供了最大排放标准，这些标准可以通过开展清洁生产和末端处理相结合而达到。通过应用指南达到了保护人类健康，减少环境污染，利用实用技术，有效减少资源的使用、降低需要进行进一步处理和处置的废弃物量，提高利用效率，达到目前的法律法规要求，促进高效工业生产进而提高生产率和能源利用效率。世界银行承诺要加强世界银行项目所在国家的管理和技术能力，支持这些国家必要的机构建设，在有些法规不健全的国家和地区，指南也可作为法规制定者和企业建立磋商协议的基础。

(4) 世界银行与环境政策相关的机构设置

为保证环境政策的贯彻、执行，世界银行设立了一套健全的机构体系。世界银行环境政策的执行机构涉及它的各个部门，这些机构根据是否专门从事环境保护工作分为两大类：业务类和专业类。这两类机构在环境保护方面进行有效合作，共同组成了世界银行的环境政策执行网络。其中，业务类机构包括地区副行长（RVP）和地区管理组（RMTS）、地区专业局、国别管理组（CMUs）；专业类机构包括地区环境局（REDS）、环境总局（ENV）、法律局副行长室（LEGVPU）、发展经济学副行长室（DECVPU）、世界银行学院（WBI）、环境委员会（E13）。在这些机构中，世界银行的环境委员会起核心作用，它由各专业环境机构的负责人组成，领导着世界银行的各专业环境机构。它在执行环境政策方面起着非常重要的作用，主要负责资源分配和人员调动、审查地区年度业务计划、监督整个世界银行环境工作的协调情况和质量问题，它还在环境总局的协助下，建立政策执行的监督和报告体系。

除了以上执行机构以外，1993 年，世界银行执行董事会通过决议建立了一个三人组成的，半独立的监察小组（The inspection panel）。监察小组负责受理监察申请，对违反世界银行政策（包括环境政策）的事实进行调查，调查结果是执行董事会对相关业务作出停止贷款、暂停项目和请求赔偿措施的根据。

4.3.1.4 国际金融公司（IFC）的绩效标准

国际金融公司（International Finance Corporation，IFC）是世界银行集团成员之一。其宗旨是促进发展中国家私营部门的可持续投资，从而减少贫困，改善人民生活。国际金融公司利用自有资源和在国际金融市场上筹集的资金为项目融资，同时它还向政府和企业提供技术援助和咨询。

2006 年 2 月 21 日，国际金融公司（IFC）董事会通过了新的社会和环境可持续性政策和绩效标准以及信息披露政策。该绩效标准于 2006 年 4 月 31 日开始生效，其目的是保护人口和环境、推动良政治理、联系社区、产生强大的发展影响。这些标准标志着 IFC 在加强环境政策方面迈出了重要的一步，IFC 开始成为金融市场机构和私营部门的全球环境和社会发展标准的制定者，以 IFC 的绩效标准为基础形成的“赤道原则”，成为项目融资领域的一套自愿的环境和社会原则。

IFC 绩效标准采取一种侧重成果的方法，从规则体系转变到对客户绩效和项目成果具有明确要求的原则体系，通过向公众披露信息提高透明度，其澄清和界定了 IFC 的责任和它的私营部门客户，从而强化了问责制。

IFC 的环境和社会政策框架由六个文件组成，前三个文件涉及 IFC 的正式政策及其客户。可持续性政策规定了 IFC 在与客户合作时支持项目绩效的责任。绩效标准规定了客户在项目管理中的作用和责任以及获得和持续得到 IFC 支持的要求，具体包括 8 个绩效标准：社会和环境评估与管理系统、劳动和工作条件、人权、污染预防和控制、社区健康和安全、土地征用和非自愿迁移、生物多样性的保护和可持续自然资源的管理、土著居民和文化遗产。披露政策规定了 IFC 作为一个机构披露自己的信息和活动的义务。其他三个是辅助性文件，不是政策，是新政策结构的建议或参考材料。它们为实施建议的“可持续性政策”和“绩效标准”的 IFC 工作人员和客户提供指导。具体包括指导文件、环境和社会考察程序、环境、健康和安全（EHS）指南（专栏 4-1）。

专栏 4-1　国际金融公司的环境、健康和安全指南（EHS）

- 环境、健康和安全指南（EHS）是一般和特定领域优秀行业实践的技术参考。当世界银行集团的成员参与项目的时候，需要根据 EHS 指南制定金融政策。在某些行业，基本 EHS 指南与特定行业 EHS 指南同时使用进行评价。
- 一般认为，EHS 指南包含的服务水平和措施是在目前的科技水平和成本要求下是合理并可实现的。
- EHS 指南基本包含所有工业部门跨环境、健康和安全领域的标准。
- EHS 指南包括通用指南和 63 个行业的指南。

4.3.1.5 赤道原则

（1）概况

赤道原则是由世界主要金融机构根据国际金融公司（IFC）的政策和指南建立的、旨在管理与发展项目融资有关的社会和环境问题的一套自愿性指南。它由花旗银行、荷兰银行、巴克莱银行和西德意志州立银行 4 家国际银行起草拟定，于 2003 年 6 月由 10 家国际银行率先宣布实行。随后，其他世界知名金融机构也纷纷承诺接受这些原则，我国目前还没有宣布接受赤道原则的金融机构。

截至 2008 年 3 月，实行赤道原则的金融机构已有 60 家，既有发达国家的成员，也有发展中国家的成员。其业务遍及全球 100 多个国家，项目融资总额占全球项目融资市场总份额的近 90%以上。

赤道原则在国际金融发展史上具有里程碑的意义，它第一次确立了国际项目融资的环境与社会的最低行业标准，并发展成为国际惯例。这是由国际银行界自行拟定的行业规则，但是无论在起草还是在执行过程中，赤道原则都得到了国际金融公司大量的指导和帮助，在内容上也受到了国际金融公司政策的重大影响，可以说，赤道原则是国际金融公司政策的延伸。

（2）内容

赤道原则旨在提供一套通用的基础和框架，以便各采纳赤道原则的金融机构自行实施与项目融资活动相关的内部社会和环境政策、程序和标准，共包括 10 项。第一项规定了项目风险的分类依据，即赤道金融机构要根据国际金融公司的环境与社会筛选标准对项目进行分类，按项目对环境的影响程度分为 A、B、C 类。第二项规定要对 A 类项目和 B 类项目执行社会与环境评估并给出该评估的要求。第三项规定了社会与环境评估报告应包括的主要内容。对于位于非 OECD 国家或非高收入 OECD 国家（如墨西哥等）的项目，上述评估报告要参考 IFC 的《实施标准》和特定行业《环境、健康与安全指南》（EHS Guidelines）。第四项规定了借款人要就 A 类和 B 类项目准备《行动计划》（AP）。借款人要根据该计划建立一个社会和环境管理系统（SEMS）来实施计划内容。第五项规定了公开征询意见制度和信息披露制度。第六项规定了申诉机制。第七项规定了独立审查服务，对于 A 类项目（在适当的情况下包括 B 类项目），银行应聘请独立的社会和环境专家对《评估报告》、《行动计划》和征询文件进行全面的审查。第八项规定借款人必须在融资文件中承诺的事项。第九项规定了独立监测和报告制度。第十项规定了赤道金融机构的报告制度。应至少每年向公众披露其实施赤道原则的成绩和经验。赤道金融机构承诺只把贷款提供给符合这 10 项原则的项目。

4.3.1.6 经济合作与发展组织环境准则

OECD 跨国企业指南适用于到目前为止 OECD 的 30 个成员国和 9 个非成员国。世界上大部分的外国直接投资都来源于这些国家，而且大部分主要跨国企业也在这些国家。指南把环境放在了很重要的位置，而且专门用一章来讨论企业环境绩效，这也广泛体现了包含在环境与发展里约热内卢宣言和 21 世纪议程中的原则和宗旨。

对于环境，经和组织鼓励跨国企业通过改善内部环境管理、完善环境影响应急计划来提高其环境绩效，鼓励企业信息公开和积极主动征求利益相关者的意见和建议等（专栏 4-2）。

专栏 4-2 OECD 跨国公司环境管理指南和方法

OECD 跨国公司环境管理指南和方法是 OECD 跨国公司指南的重要内容，并专门用一章来讨论企业环境绩效，这也广泛体现了环境与发展里约热内卢宣言和 21 世纪议程中的原则和宗旨。主要包括：

（1）环境管理系统；

（2）公众信息及利益相关者的意见和建议；

（3）生命周期评估；

（4）预防措施；

（5）应急预防、应急准备和应急反应；

（6）不断改善环境绩效；

（7）环境教育与培训；

（8）为环境政策的发展作贡献。

OECD 组织除了在企业环境管理上有统一的管理外，在对外融资信贷上也有统一的环境标准即经济合作与发展组织（OECD）《共同方法》（专栏 4-3）。

专栏 4-3 OECD《共同方法》

自 2001 年开始，OECD 国家的大多数出口信贷机构接受了“关于环境与政府支持的出口信贷的共同方法的建议”（Recommendation on Common Approaches to the Environment and Officially Supported Export Credits）。根据共同方法，OECD 的出口信贷将承诺，保证对具有潜在严重不良影响的项目进行环境影响评估。在进行环境评估时，代理机构承诺“以东道国的标准，以世界银行集团、欧洲复兴开发银行（European Bank for Reconstruction and Development）、亚洲开发银行、非洲开发银行和泛美开发银行（Inter-American Development Bank）发布的某一个或者几个相关环境标准和指导方针，制定项目的基准”。2003 年，OECD 成员国对上述建议进行修订，并于 2003 年 12 月达成协议。这份由 OECD 出口信贷集团（ECG）29 个成员起草的《关于环境与政府支持的出口信贷的共同方法》（Common Approaches on Environment and Officially Supported Export Credits），其目的是加强对出口信贷机构所支持的基础设施项目进行环境影响评估提供共同方法，以期确保这些项目能符合既定的国际标准。其后，该协议又被多次修订。2007 年 6 月 12 日，OECD 成员国对新的修订达成协议，根据该协议，各成员国出口信贷机构在发放贷款时，应考虑更为严格的环保标准。

4.3.2 国外政策性银行的环境政策制定与实施

国外政策性银行都非常重视环境保护，有明确的环境政策，主要体现在银行的章程、政策和管理系统方面。

4.3.2.1 德国复兴信贷银行（KFW）

德国复兴信贷银行的环境政策表现在以下几个方面：一是对环境保护和可持续发展的声明；二是KFW集团的环境原则；三是环境管理系统。

KFW声明为促进环境保护，其自愿遵守联合国环境规划署的“金融倡议”以及环境报告中的环境原则；支持德国以及欧盟的环境政策；在其商业计划、财务决策及技术操作中考虑这些目标和条款；将环境决策与德国政府的可持续发展目标相结合；这些原则适用于整个KFW集团。其他做法还有，KFW集团除向监事会提交环境报告外，还将定期报告其环境管理和对环境保护的贡献。

KFW的环境原则包括八个方面的内容：①KFW集团支持德国、欧盟以及国际社会的环境政策目标。KFW集团将其环境承诺视为对可持续发展的贡献。②支持改善环境状况的项目。为达到该目标，KFW集团为德国及境外的环境投资开发了新的金融工具。③在作出贷款决策之前，进行生态风险和收益的评估。KFW集团将分析重点放在环境保护系统出现缺陷的申请项目上。KFW支持其伙伴，或者投资所在的一国当局解决环境问题。④执行此环境要求是基于放弃个人领域活动目标的环境指南。对环境有不可容忍的影响的项目将被拒绝贷款。环境影响的评价依据主要是投资所在国的法律。⑤KFW集团确保在任何场所在内部技术操作方面遵守所有的法律要求，并且KFW根据工作需要限制能源、水、材料的消费以及固体废物的数量，力求高于现有标准，保持低于法定排放限度。⑥为实现环境要求，KFW集团吸收内部专家的意见，并根据需要引进外部专家，为员工提供环境问题的培训，并参与专业对话。⑦KFW集团将保持并改进其环境管理系统，监督其在项目周期及内部操作中的有效性。⑧KFW与客户、其他金融机构、公众和员工就与其业务和经营有关的环境问题保持公开对话，与联邦政府和其他公共机构密切合作。KFW集团确保与公司和环境协会经常交换信息并合作，根据UNEP声明的签字要求定期报告环境工作的结果。

KFW的环境管理系统包括技术和组织措施，指令和规则，具体说来，技术条款包括环境保护和可持续发展声明、环境原则、环境框架指南、个人领域活动的环境指南、技术操作的环境指南等；组织条款包括环境常务董事、环境中心机构、环境官员、环境协调小组、环境平衡团队会议、外部审计、信息和培训等方面。

4.3.2.2 美国进出口银行（Ex-Im Bank）

美国进出口银行（The Export-Import Bank Of The United States-Exim Bank）是一家独立的美国政府机构，创立于1934年，依照1945年有关融资和促进美国出口法律运作。其主要职责是通过提供一般商业渠道所不能获得的信贷支持促进美国商品及服务的出口，增加就业。

美国进出口银行以提供中长期出口信贷为主，较早树立了融资环境保护意识，对环境保护问题一直比较重视。进出口银行的章程中要求本银行对其所支持的产品和服务对环境可能造成的有利和不利影响建立审核和评价过程。根据OECD《共同方法》规定，项目评估主要依据东道国环境指导方针和内部环境指导方针。为在融资过程中贯彻环保政策，进出口银行专门制定了“环境程序和指南”（Environmental Procedures and Guidelines）——相当于其内部环境指导方针。该方针以世界银行发布的《污染防治和削减手册》的相关规定为主要依据，在形式上与OECD《共同方法》保持一致。进出口银行的环境程序和指南于1995年2月1日首次签发，先后于1996年4月2日和1998年4月2日修订，并基于降低银行支持项目对环境形成不利影响以及美国出口竞争力影响，于2001年3月1日、2002年12月5日和2003年7月1日进一步扩充。2003年12月，包括美国在内的OECD国家达成协议，出口信贷机构采用《共同方法》，对出口信贷项目要考虑其环境影响，而进出口银行也将尽量减少其相关规定与《共同方法》之间的差异。因此，环境程序和指南于2004年7月1日修订，并与《共同方法》有关环保规定保持一致。在进出口银行工程与环境（E&E）部门、美国出口商（以协商形式进行信息反馈）以及其他美国和非政府组织的指导下，《程序和指南》得到不断地发展。

指南规定，对于超过1000万美元的金融项目，进出口银行要根据其潜在环境影响程度进行正式筛选和分类，如果需要，将进行环境评价。对于需要进行环境评价的项目，进出口银行将把项目有关信息通过网站（www.exim.gov）发布。除此以外，对于需要进行环境影响评价的项目，还将通过向利益相关者提供相应的文档资料。

进出口银行在对申请融资服务的项目审核中，对申请提供长期融资的项目要求申请人提供完整的“环境审查文档”（Environmental Screening Document）。根据“环境审查文档”的内容，进出口银行将申请项目分为 A、B、C 和 N 四类，每类有着不同的环境信息和后续的环境审查要求。比如，进出口银行将大型绿地项目和位于敏感地区或对于敏感地区有影响的项目，包括水电、矿业、森林业、商用石油天然气项目、化工厂、精炼厂、造纸厂等，归为 A 类。对于此类申请项目，进出口银行要求提交环境影响评估报告和描述该项目环境影响的相关文件，并且这些文件应提供足够的信息来确认项目的环境影响和减轻不利环境影响的必要措施，同时进出口银行将依据这些信息来评估这些项目是否以及在多大程度上满足项目投资目的国和可行的国际环境指南。项目的环境信息主要有三个来源：申请者和项目发起者、美国政府其他机构和多边机构、其他环境信息来源。

经过评估，如果项目不满足适用的环境指南，进出口银行将考虑环境影响以及与项目有关的其他因素，以决定是否提供金融支持，或在采取有效措施减少环境不利影响的条件下提供金融支持，是否拒绝提供金融支持。

为确保融资项目按照东道国以及所采纳的国际环境标准建设和运营，进出口银行对于所支持的 A 类项目，将在其整个融资期间进行监测。监测主要通过对发起方提供信息进行评价和现场参观访问的方式进行。进出口银行环境分析家通过收集提供项目环境事项信息（包括环境绩效），负责被提议事项的环境评估，承担权限内的项目环境监测事宜。

4.3.3 国外商业银行的环境政策制定与实施

国外商业银行也有环境政策，主要体现在银行的战略声明、政策和操作指南方面。

4.3.3.1 汇丰银行（HSBC）

总部设于伦敦的汇丰集团是全球规模最大的银行及金融机构之一。雇有 23.2 万名员工，汇丰银行在全球拥有超过 1.1 亿的顾客。作为超大的国际金融机构，汇丰银行十分重视对环境的保护，主要表现在以下方面：

汇丰银行是联合国环境规划署《银行业关于环境和可持续发展的声明》的发起人之一，在融合社会、环境和商业目标方面发挥着领袖作用。2003 年 6 月，汇丰银行发布《环境风险指南》，要求集团全体成员在决策流程中开展全面环境风险评估，确保集团的商业、社会责任准则得到遵守。同年，汇丰银行宣布接受"赤道原则"，将社会和环境风险纳入其项目融资评估之中，并在伦敦总部建立了环境风险管理部。为确定各环境敏感行业的最低贷款和投资标准，2004 年，汇丰银行可持续风险咨询小组发布了汇丰银行内部第一份行业融资指引《森林土地及森林产品指引》，此后，汇丰银行又陆续发布了《淡水基建设施指引》、《化工行业指引》、《能源行业风险政策》和《矿产与金属风险政策》等行业融资指引。以《能源行业风险政策》为例，它规定汇丰银行不得向在下列范围内造成环境影响的企业贷款，这个范围包括联合国教科文组织的世界遗产地、国际重要湿地名录中的湿地以及原始热带雨林和重要自然栖息地等。2006 年，汇丰银行在赤道原则的修订中发挥了关键的作用，并在以后的项目融资中，积极实践赤道原则。

汇丰银行对提供资金的项目都要求进行环境影响评价，并且是由咨询专家进行评价。汇丰银行接受赤道原则之后，项目数量由 2004 年的 46 个增加到 2006 年的 76 个，其中没有环境影响项目的比例从最开始的 25%有了明显增加，现在越来越多的项目贷款提供给那些没有环境影响的项目。

对于内部管理方面，汇丰银行注重对其员工和利益相关者进行培训，以确保每一个人都能了解赤道原则，根据赤道原则的要求进行贷款。此外，汇丰银行还积极提供新的产品和产品组合，促进再生能源的发展，获得更多社会效益。汇丰银行还实行了一个"推己及人"的策略。从 2003 年起，为了改善集团的能源效益及减少整体能源消耗，汇丰在英、美等国购买风力、水力及太阳能等发电设备或通过缴纳绿化费，在总行大厦采用更具能源效益的空调冷冻机，并使用维多利亚港海水做冷却水，使每年能源耗用量减少 107 万千瓦时，每年二氧化碳排放量减少约 869 吨；总行大厦停车场安装了自动化通风系统，每年的能源耗用量减少约 53.7 万千瓦时，二氧化碳排放量减少逾 382 吨。为了实现二氧化碳"零排放"，汇丰第一年就投入了近 700 万美元，凭借不懈努力，汇丰银行于 2005 年 10 月率先成为全球首家实现二氧化碳零排放的国际性银行，为全球的环境保护作出了突出贡献。此外，汇丰银行注重金融机构在劳工标准、人权和环境三个方面的责任，并专门筹资与世界自然基金会，国际植物园保护联盟，地球观察机构共同担起保护环境的责任。

4.3.3.2 花旗银行（Citigroup）

花旗集团（Citigroup）是当今世界资产规模最大、利润最多、全球连锁性最高、业务门类最齐全的金融服务集团。资产达 7000 亿美元，净收入为 500 亿美元，在 100 个国家有 1 亿客户，拥有 6000 万张信用卡的消费客户。从而成为世界上规模最大的全能金融集团之一。

花旗银行是美国最早签署联合国环境规划署《银行业关于环境和可持续发展的声明》的银行，也是赤道原则的发起者之一，由此可以看出花旗银行对于环境保护的重视。

其主要努力表现在两个方面，一方面是花旗集团内部采取措施减少能源消耗和污染排放，另一方面是不断开发新的产品和服务，通过其环境和社会风险管理［Environmental and Social Risk Management（ESRM）］政策，鼓励客户参与有关环境和社会方面的对话。

2003 年，花旗银行制定了 ESRM 政策，用以进行信贷风险预防和声誉风险预防。ESRM 政策提供了一套通用框架，赤道原则、IFC 绩效标准、IFC 环境、健康和安全（EHS）指南被用做进一步参考。ESRM 政策适用于所有交易，对于新兴市场的公司贷款或混合交易，则必须符合 IFC 标准和指南。2004 年以来，花旗银行不断修订 ESRM 政策，将气候变化、原居民、文化遗产、移民等问题包括进来，并禁止涉及重要保护区或影响关键栖息地的项目，以及使用强迫劳动或童工的项目。

在内部环节，花旗银行长期致力于在企业文化中加深可持续发展的理念，对员工和业务伙伴进行了多次能力建设培训，制定和不断改善银行的环境和社会政策。花旗银行在内部建立起包括环境与社会政策评估委员会、环境政策和流程培训机制、环境与社会问题风险管理机制、外部公共私人事务合作机制以及涉及环保的业务开发机制等，积极推进银行保护环境。在环境保护方面，花旗银行推行节能建筑，很多办公楼和分支机构都通过了能源环境设计先锋组织（Leader-ship in Energy and Environmental Design）的认证，投资约 310 亿美元引入清洁能源和技术。2007 年 4 月，花旗银行推出了可持续发展投资［Sustainable Development Investments（SDI）］行动，募集 20 亿私有资产投资可再生能源和清洁技术。此外，花旗银行为那些选择无纸化交易承诺的客户每人种植一棵树，以推动环境保护理念的推广。

4.3.3.3 德意志银行

德意志银行 1870 年成立于德国柏林，是德国最大的银行和世界上最主要的金融机构之一，总部设在法兰克福。

作为国际性大银行，该行十分注重可持续发展与环境保护问题。赤道原则是其遵守的基本准则，也是其环境政策的基础。该行严格遵守 ISO 14001 可持续发展管理准则，有效管理其各项业务活动，并将所有与可持续发展相关的管理和业务部门，如私人理财、公司业务和投资银行等都纳入该体系，通过制定内部政策和准则，来界定董事会、高级管理层和员工在经济、社会、生态和道德方面的责任。同时，还在各参与部门任命专门负责可持续发展的官员，监督该系统是否正常运行，确保可持续管理体系融入银行组织和业务进程，并将这一体系在全集团推广。银行专门建立了“微观信贷发展基金”，支持投资者向非盈利事业部门发展，力图促进所在社区的综合发展。由于全方位尽责到位，德意志银行得以入围欧洲商业道德指数。

4.3.4 典型案例分析

2003 年 6 月之后，赤道原则就直接运用于世界上绝大多数大中型和特大型项目中，有些项目在是否符合赤道原则方面颇有争议，引起了全世界的关注，如巴库—第比利斯—杰伊汉管道（简称 BTC 管道）项目和萨哈林 2 号油气开发项目等。

4.3.4.1 BTC 管道项目

BTC 管道项目是在美国的直接推动下由阿塞拜疆、格鲁吉亚和土耳其三国于 1999 年 11 月共同签署的，目的是将里海石油运往地中海，再运往西方各国。BTC 管道财团由英国、阿塞拜疆、美国、挪威、土耳其、意大利、法国、日本等国的 11 个股东组成。该项目于 2002 年 9 月动工修建，2005 年完成，耗资约

40亿美元，2006年7月管道正式开通。管道全长1767公里，其中阿塞拜疆境内443公里、格鲁吉亚249公里、土耳其境内1075公里。经过的地区包括海拔2830米的高山，3000条地上和地下的公路、铁路、电线电缆，以及15000条河流。[①]

管道的批评者指出，该管道穿过阿塞拜疆3个、格鲁吉亚4个、土耳其7个地震活跃带，容易引发地震。环保人士强烈反对管道经过格鲁吉亚的一个国家公园，尽管管道本身不进入公园，该公园以矿泉水和自然景观著名。矿泉水是格鲁吉亚的主要出口商品，任何石油泄漏都会影响矿泉水业的发展。此外，关于管道外涂层密封剂的使用也是环保人士关注的问题之一。

BTC项目是赤道原则下第一个A类项目，是赤道原则的第一次重大试验。BTC项目70%的成本来自第三方融资，包括国际金融公司、欧洲复兴开发银行、日本、美国、英国、法国、德国、意大利六国的7个出口信贷机构和由15家商业银行组成的银团，其中包括花旗银行等9家EPFIs（参与赤道原则的金融机构）。世界自然基金会（WWF）、地球之友（FOE）等非政府组织指出该项目有127处违反了赤道原则，因而反对EPFIs向该项目提供资金。同时，EPFIs也受到了来自媒体的压力；不仅如此，非政府组织还诉诸法庭请求保护人权和环境。迫于压力，贷款银团后来聘请了独立的环境顾问进行评估，结果表明该项目遵守了赤道原则，为了更加放心，贷款银团还聘请了另一个环境顾问代表它们对该项目进行监督。

4.3.4.2 萨哈林2号石油天然气项目[②]

萨哈林（即库页岛）2号项目是俄罗斯与外国企业最早在石油、天然气领域开展国际合作的一个重大项目。1994年6月22日，俄罗斯政府和萨哈林州政府代表石油、天然气资源的所有者，与三井物产株式会社（持有25%的股份）、三菱商事株式会社（持有20%的股份）、英荷皇家壳牌公司（持有55%的股份）组成的萨哈林能源投资公司签订了产品分成协议。1998年，壳牌公司开始了萨哈林2号油气项目的第一期工程，并获得了欧洲复兴开发银行以及日本和美国的

---

① Baku–Tbilisi–Ceyhan pipeline. http：//en.wikipedia.org/wiki/Baku%E2%80%93Tbilisi%E2%80%93Ceyhan_pipeline.

② 陈胜，冯守尊.《赤道原则：商业银行项目融资的行业基准》（EB/OL）. http：//news.xinhuanet.com/theory/2009-06/01/content_11467327.htm.

出口信贷机构的融资支持。2008 年 11 月，萨哈林 2 号项目竣工投产。项目总投资近 200 亿美元。

萨哈林 2 号油气项目位于俄罗斯远东的萨哈林岛，包括 3 个海上石油平台，海上和陆地输油管道，一个陆地炼油工厂，一个液化天然气厂和石油天然气出口设施。项目的平台位于一个仅有的濒于灭绝的灰鲸的捕食海域附近，同时长达 800 公里的项目管线将穿越 24 个地震多发带，越过 200 条河流及其支流，而这些河流正是野生大马哈鱼的产卵地。

萨哈林 2 号石油天然气项目是投资规模最大和争议最多的项目之一。2004 年，非政府组织和原住民开始指责该项目对环境和社会的严重影响，包括危害已经濒临灭绝的西部湾灰鲸的生存，破坏原住民的生活环境，破坏鸟类和鱼类的栖息地，并污染重要的捕鱼场。国际社会也呼吁发起人改变项目设计方案并延缓项目建设。2005 年 4 月，环境保护组织——雨林行动网络（Rainforest Action Network）和太平洋环境（Pacific Environment）共同发布的一份报告批评该项目直接违背了赤道原则，是一颗定时环境炸弹，号召各银行断绝与项目的财务关系。2006 年 9 月，俄罗斯自然资源部根据俄总检察院的要求，撤销了先前对该项目二期工程做出的国家环境鉴定结果，已经完成 80%工作量的萨哈林 2 号项目不得不因此停止作业。随后，俄罗斯天然气工业股份公司通过出资 74.5 亿美元收购股票，正式入主该项目。2007 年 1 月，欧洲复兴开发银行宣布不再考虑参与该项目的拨款。2008 年，日本国际合作银行和由国际商业银行组成的国际财团为该项目提供了 53 亿美元的资金，使得该项目得以顺利完工。

4.3.4.3 案例总结

上述两个项目是运用赤道原则的过程中争议最大，同时也是比较典型的案例。从这两个案例和赤道原则的其他融资实践中我们可以得出以下两点：

① 赤道原则已发展为行业惯例，并具有一种无形的威慑力，通过民间机构及公众的压力，使金融机构意识到这是一个不得不遵守的行业准则，它虽不具备法律条文的效力，但它具有约定俗成的无法抗拒的威力，面临着来自利益相关者的压力，其中劳工、环保和人权非政府组织（NGO）是监督赤道原则实施的主要力量；还有一些非政府组织专门盯住金融机构的业务活动；如银行监察组织（Banktrack）和银行监视组织（Bankwatch）。非政府组织凭着强大的社会影响

力和公信力进行舆论监督。因此，EPFIs 对有争议的项目融资时会三思而后行。EPFIs 通过履行审慎性审核调查义务，直接监督环境与社会标准在项目中的应用，从而实现保护社会和环境的目的。

② 赤道原则在实践中也暴露了一些问题。首先，以投资额为标准决定赤道原则的适用范围不太科学，因为位于敏感区或发展中国家的 5000 万或 1000 万美元以下的小项目仍可能产生重大的负面影响。其次，赤道原则有时被恶意规避。例如，一个实力雄厚的项目发起人可能会利用股东的资金向一个项目工具自我融资，也可能寻求资金的替代来源，如项目债券或类似的资本市场产品，或者银行融资的替代方式，如在项目发起人的担保下，提供直接的公司贷款给项目公司。另外，项目发起人也可能会把大项目肢解成几个 1000 万美元以下的小项目。再次，有时赤道原则得不到切实执行。基于赤道原则的自愿性，缺乏一个强制执行的机构，某些 EPFIs 没有真正按照赤道原则开展业务。如严格执行赤道原则，A 类项目就可能很难得到资金。

4.3.5 国外商业银行环境政策的特点和发展趋势

4.3.5.1 金融机构融资决策中越来越重视环境保护问题，采用国际组织制定的环境政策和标准成为发展趋势

由于公众的参与、非政府组织的关注及金融机构防范信贷风险和自身发展的需要，金融机构在进行项目融资时越来越重视环境保护问题。目前世界最具有竞争力的大型银行大多参与了一个或者几个国际组织制定的环境保护政策或标准，如赤道原则、联合国环境规划署的“金融倡议”、联合国负责任的投资、IFC 绩效标准、OECD 共同方法等。并且大量来自发展中国家的金融机构也宣布采用这些国际组织制定的标准。

4.3.5.2 金融机构通常参照国际组织的环境政策和标准制定自己的环境政策

因为国际组织制定或发起的金融机构的环境保护政策或文件多为原则性的，倡议性质的，在具体执行过程中需要金融机构根据自身的理解和项目的要求来落实。所以多数金融机构是参照有关原则和标准来修订自己的环境政策。以参与赤道原则的银行为例，大多数银行将赤道原则等融入自身经营中，根据自身特点，

设定特定的部门，制定与自身业务发展关系密切的政策来落实执行。比如将环境管理纳入风险管理体系，成立环境管理或可持续发展部门等。一般来说，不同的银行会侧重不同的方面，如碳减排或者节能建筑等。

4.3.5.3 环境政策的内容不断扩充，涵盖人权、社会责任等方面的内容

不管是国际机构制定的环境政策还是商业银行制定的环境政策，环境保护概念有了明显的扩展，从单纯保护水、大气、土壤等自然环境向综合考虑社会、文化、生态环境等全面可持续发展方向发展。保护人权、保护文化、消除贫穷、保护生态环境、促进社会发展成为融资项目中需要关注的问题。环境影响评价包括的内容越来越多。

4.3.5.4 对融资项目的环境管理从一次性评估到全程监控

环境影响评价逐渐成为融资项目的第一道门槛，只有通过环境影响评价的项目才能获得金融机构的支持，但这还不够，在项目的进行过程之中以及项目结束之后，都要进行相应的环境影响评价，以有效地确保环境保护政策的有效执行，并且所有进行的相关评价都要向公众公开相关信息。越来越多的国家制定了环境影响评价法（EIA 法），引进了战略环境评估（SEA），建立了环境影响评价系统。环境影响评价（EIA）是对具体项目的评价，而战略环境评估（SEA）则涉及环境保护的各项程序、方针政策，是比环境影响评价（EIA）更加宏观、更加战略高度的环境保护政策。战略环境评估（SEA）在西方国家处于引进和发展阶段，但已经呈现成为发展主流的趋势，这也将对西方金融机构融资的环境保护政策产生影响。

4.3.5.5 国际组织制定的环境政策并不能完全解决环境问题

尽管主要的国际机构都制定了相应的环境政策要求金融机构遵守一定的规则，达到保护环境的目的，但有时并不能完全实现。金融机构往往采取措施规避这些管制，达到自身利益最大化的目的。

4.4 小结

综观我国银行业对外信贷中的环境政策现状和存在的问题，我国银行业应借鉴国际经验，制定适合目前发展水平的环境保护政策。

在全球化时代，金融机构制定环境政策促进环境保护是发展趋势。目前我国金融机构，特别是银行业尚没有较为完善的环境政策和评价工具，从观念到实践与发达国家的金融机构都有较大差距。因此，银行业急需更新观念，转变单一追求利润最大化的经营理念，避免项目融资中的短视行为，注重可持续发展，树立与巩固环保理念，就环境保护问题达成共识。银行应将环境保护纳入到其发展战略和经营活动之中，作为风险管理的重要组成部分进行监管，为此，应成立专门部门，对员工进行环境政策方面的培训，为项目融资环境保护提供机构和人员保障。

第 5 章　环境保护国际规定与实施

国际组织和发达国家对企业投资中的环境保护措施都有一些规定，而且通过实践也积累了加强企业环境管理的一些有效的措施。本章概要介绍国际公约，含经济公约和环境公约，对企业投资中有关环境保护的规定，概述一些目前比较重要的环境管理手段，提出综合运用这些手段，如政策工具包，来解决我国对外投资和援助的环境与社会问题。

5.1 国际公约与环境保护

国际环境公约和一些国际组织制定的环境政策对我国对外投资、援助和信贷具有重要的影响。通过回顾这些环境公约和政策我们了解了国际环境保护的大背景，进一步明确了编制指南的紧迫性、必要性，同时也可以为制定我国对外投资、援助和信贷指南提供借鉴。

5.1.1 经济公约

世贸组织是世界经济发展的三大支柱之一（其他两个为国际货币基金组织和世界银行）。截止到 2005 年，已经有 150 个国家或地区加入世贸组织。世贸组织框架内的经济公约在世界范围内具有巨大的影响力。

世贸组织是一个独立于联合国体系之外的永久性国际组织。1995 年 1 月 1 日正式开始运作，负责管理世界经济和贸易秩序，总部设在瑞士日内瓦莱蒙湖畔。其宗旨是：在提高生活水平和保证充分就业的前提下，扩大货物和服务的生产与贸易，按照可持续发展的原则实现全球资源的最佳配置；努力确保发展中国家，尤其是最不发达国家在国际贸易增长中的份额与其经济需要相称；保护和维护环境。世界贸易组织的目标是建立一个完整的、更具有活力的和永久性的多边贸易体制。

其可持续发展的宗旨在世界贸易组织以下贸易条款中能得以体现：《关于贸易与环境的决议》规定“一方面为赞同和维护一个公开、无歧视和公正的多边贸易体制，与另一方面为保护环境和促进持续发展而采取的行动之间，不应有也不需要有任何政策上的抵触”、《1994 年关贸总协定》（GATT 1994）第 20 条、《服务贸易总协定》（GATS）第 14 条、《卫生与植物检疫措施协议》（SPS）序言、《贸易技术壁垒协议》（TBT）序言中都规定成员方有环保例外权，即为了保护环境、可用竭的自然资源（GATT 1994 第 20 条 g 款）、人类和动植物的生命健康（GATT 1994 第 20 条 b 款、GATS 第 14 条 b 款、SPS、TBT），可以采取一些协议规定之外的做法。但同时都规定不得在情形相同的成员方之间产生任意的或不正当的歧视，或对国际贸易构成变相限制，从而为环保例外权的行使规定了法规。但这些法规都是原则性的规定，措辞宽泛而且相当含糊，所以当环境和贸易产生冲突时大多是通过世贸组织争端解决机构的专家小组来研究解决。

对于不同发展水平的国家，世贸组织也有所考虑。在《关于建立世界贸易组织的协定》的序言明确规定，应确保发展中国家与其经济发展相适应的国际贸易增长的份额，从而将优惠待遇原则融入世贸组织的宗旨之中。《关于建立世界贸易组织的协定》规定保护环境应考虑到各成员方的各自需要和不同经济发展水平的情况，因此，不应该采取完全一致的措施和标准。在世贸组织的环保条款中也都有关于对发展中国家优惠待遇的规定，如《卫生与植物检疫措施协议》和《贸易技术壁垒协议》中，都有关于向发展中成员国特别是最不发达成员国提供资金和技术援助的规定。

但是，环保问题在世贸组织体制中尚处于发展阶段，它本身存在很多缺陷，比如对于绿色贸易壁垒限制较弱；环保条款过于向发达国家利益倾斜，对发展中国家不公平；环境条约中缺乏实质性手段，规定较为模糊；在国际标准的制定过程中发达国家也起着主导作用，发展中国家缺少话语权。

5.1.2 环境公约

环境公约（Environmental Convention）是指国际间有关环境方面的多边条

约。一般来说，条约（Treaty）可以有两种定义：①在广义上是指两个或两个以上国家之间，或国家组成的国际组织之间，或国家与国际组织之间，共同议定的在政治、经济、科技、文化、军事等方面，按照国际法规定它们相互间权利和义务关系的国际法律文件的总称，包括条约、专约、公约、协定、议定书、换文以及宪章、规约等；②在狭义上是指具体名称定为条约的国际法律文件，往往是国家间议定的政治性的、最重要的、规定根本关系的文件，其缔结和生效的形式及程序比较隆重，一般需经批准和交换或交存批准书，签字人级别比较高，有效期比较长。这里将主要介绍几个重要的环境公约。

（1）《联合国人类环境会议宣言》

《联合国人类环境会议宣言》（简称《人类环境宣言》）是 1972 年 6 月 5 日在斯德哥尔摩召开的联合国人类环境会议上通过的。《人类环境宣言》分为两个部分：第一部分扼要叙述了人与环境的关系，规定了在保护和改善人类生存环境方面所应采取的 7 个共同原则；第二部分阐述了在保护和改善人类生存环境方面所采用的共同原则，包括自然保护、生态平衡、污染防治、城市化、人口、资源、经济、环境责任及赔偿、核试验、发展中国家的需求等一系列范围广泛的人类环境问题。

其中，第七项原则提到：对于区域性和全球性的环境问题，在共同利益的前提下，由各国进行广泛合作，由国际组织采取行动。这说明环境问题早已全球化，在这个国际大背景下制定我国的对外环境行为规范，来约束“走出去”战略过程中的区域性和全球性的环境问题，是符合国际趋势也是十分紧迫的。

（2）多边环境协定

多边环境协定是国际公约的一种，是解决全球或区域性环境问题的具有法律约束力的政府间文件，它规定国家或其他国际环境法主体之间在保护、改善和合理利用环境资源等问题上的权利和义务。

目前国际上最为重要的多边环境协定是《联合国气候变化框架公约》和《京都议定书》。《联合国气候变化框架公约》是联合国为了人类免受气候变暖的威胁于 1992 年 6 月 4 日在巴西里约热内卢举行的联合国环发大会（地球首脑会议）上通过的国际环境公约。

1997 年 12 月在日本京都召开的《联合国气候变化框架公约》缔约方第三次会议通过了旨在限制发达国家温室气体排放量以抑制全球变暖的《京都议定

书》。《京都议定书》规定，到 2010 年，所有发达国家二氧化碳等 6 种温室气体的排放量，要比 1990 年减少 5.2%。具体削减目标是：与 1990 年相比，欧盟削减 8%、美国削减 7%、日本削减 6%、加拿大削减 6%、东欧各国削减 5%～8%，新西兰、俄罗斯和乌克兰可将排放量稳定在 1990 年水平上。议定书同时允许爱尔兰、澳大利亚和挪威的排放量比 1990 年分别增加 10%、8%和 1%。2005 年 2 月 16 日，《京都议定书》正式生效。这是人类历史上首次以法规的形式限制温室气体排放。

《联合国气候变化框架公约》及《京都议定书》，是在于解决威胁全球生态环境和人类生存的全球气候变暖问题，其主要战略是改变未来的投资模式，以鼓励减少产生温室气体的行动，使生态环境免遭破坏，并促使经济以可持续的方式发展。其影响气候变化的排放物控制目标的实现需要行业的响应和企业的支持。

为了商讨《京都议定书》一期承诺到期后的后续方案，2009 年 12 月 7 日，192 个国家的环境部长和其他官员们在哥本哈根召开联合国气候会议，就未来应对气候变化的全球行动签署新的协议。这是继《京都议定书》后又一具有划时代意义的全球气候多边协议。

经过两周的讨论，与会各国达成了《哥本哈根协议》。《哥本哈根协议》维护了《联合国气候变化框架公约》及其《京都议定书》确立的“共同但有区别的责任”原则，就发达国家实行强制减排和发展中国家采取自主减缓行动作出了安排，并就全球长期目标、资金和技术支持、透明度等焦点问题达成广泛共识。但是，由于发达国家和发展中国家在减排责任、资金支持和监督机制等议题上分歧严重，会议并没有达成具有法律约束力的条约。

除了在气候变化方面的多边环境协定以外，在过去 30 多年里，国际上缔结了超过 200 个多边环境协定，内容涵盖了与环境保护有关的各个方面，包括生物多样性、大气、海洋、土地、森林、化学品管理和有毒有害废弃物等，其中 20 多个多边环境协定包含有贸易条款。在这 20 多个包含有贸易措施的多边环境协定中，《保护臭氧层维也纳公约》和《关于损耗臭氧层物质的蒙特利尔议定书》，它们都是针对消耗臭氧层物质的国际公约，主要是建立对几种已知的消耗臭氧层的物质进行控制的制度，规定禁止其生产和使用以及在缔约方与非缔约方之间进行贸易，并且试图对生产使用消耗臭氧层物质的产品也采取禁止进口的措施。例如：《保护臭氧层维也纳公约》规定“采取适当的立法和行政措施，从事合作，协调适当的政策，以便在发现其管辖或控制范围内的某些人类活动已经或可能由于改变或可能改变臭氧层而造成不利影响时，对这些活动加以控制、限制、削减或禁止”。这些措施包括相关行业淘汰消耗臭氧层物质（ODS），需要企业的参与。而《控制危险废物越境转移及其处置巴塞尔公约》，是禁止对制定危险废物的运输及转移；《生物多样性公约》，其主要是限制破坏生物多样性的国际贸易，其目标是保护生物多样性、永续使用其组成部分并公平合理地分享利用遗传资源所产生的惠益。

某些国际组织还根据以上多边环境协定制定了详细的规范：在 2006 年 6 月，国际采矿与金属委员会根据《生物多样性公约》出版了《采矿与生物多样性良好做法指导意见》；加拿大矿业协会制定了采矿与生物多样性框架；澳大利亚工业、旅游和资源部出版了生物多样性管理手册。在石油和天然气部门，国际石油工业环境保护协会（石环协会）和国际油气生产商协会生物多样性联合工作组在 2007 年 10 月出版了《石油和天然气行业生物多样性公约指南》。

多边环境协议对对外投资、援助和信贷方面并没有明确的规定，但是签约国所承担的部分职责和义务的履行需要通过本国企业来实现。中国在“走出去”战略中积极履行签署过的多边环境协议，可以看做是中国国内环境政策的延伸，对“走出去”所在国的环境保护有着积极意义；而对于所在国签署的多边环境协议，我们要努力维护，积极遵守，这也是我们“走出去”过程中的基本原则。

5.2 环境管理手段概述

近年来，我国发布多项行政法规和部门规章，指导我国的环境保护工作。如 2009 年 10 月 1 日施行的《规划环境影响评价条例》（国务院第 559 号令），不仅完善了建设项目环境影响评法，还初步确定了我国规划环境影响评价的制度，这是我国环境影响评价（Environmental Impact Assessment，EIA）研究，取得突破性进展。生态补偿或生态服务付费（Payment for Environmental/Ecological Services，PES）虽未列入立法进程，但环境保护部（原国家环境保护局）已于 2007 年 8 月 24 日，发布《关于开展生态补偿试点工作的指导意见》，综合运用行政和市场化手段，实现不同地区、不同利益群体的和谐发展。为了鼓励企业履行企业社会责任（Corporate Social Responsibility，CSR），国务院国有资产监督管理委员会于

2007 年 12 月发布《中央企业履行企业社会责任的指导意见》，以实现企业与社会、环境的全面协调可持续发展。协议保护机制（Conservation Concession Assessment，CCA）和减少发展中国家毁林和森林退化的碳排放（REDD）等，是第三方参与保护的机制，多家非政府机构正在探索此两种机制的实施。

我国在这些政策的研究和实践中，做出了有意义的探索，故可把 EIA、PES、CCA、CSR 和 REDD 等政策或机制，整合为“环境政策包”，指导和规范中国企业在对外投资中的环境行为和社会行为。建议中国企业“走出去”过程中，把我国好的经验带出去，推动东道国环境政策的制定。实现此一目标可采用“政府-NGO（非政府）-企业”合作模式，以 NGO 为纽带，促进与中国政府、东道国政府、中国对外投资企业合作，保护当地环境，促进当地经济发展，增加中国企业的国际竞争力，达到生态效益、经济效益和社会效益的“多赢”。

5.2.1 环境影响评价（EIA）

5.2.1.1 定义

环境影响评价是指对拟议中的人类的重要决策和开发建设活动，可能对环境产生的物理性、化学性或生物性的作用，及其造成的环境变化和对人类健康和福利的可能影响，进行系统的分析和评估，并提出减少这些影响的对策措施。

2003 年 9 月 1 日，《中华人民共和国环境影响评价法》正式实施，表明中国已经建立和形成了一套具有中国特色的环境影响评价管理的法律和法规体系。环境影响评价已经成为支持中国经济发展的重要手段，成为实施可持续发展的基本保证，是实现“以人为本”、促进人和自然协调发展的重要措施。此法所称环境影响评价，是指对规划和建设项目实施后可能造成的环境影响进行分析、预测和评估，提出预防或者减轻不良环境影响的对策和措施，进行跟踪监测的方法与制度。

最初的环评主要做项目环评，但在实践过程中，逐渐发现它能从源头上解决环境问题，只能“治标”不能“治本”。因此美国提出了战略环评（SEA），从源头来遏制环境问题的出现。战略环评的定义：是指对政策、规划或计划（PPP，Policy，Plan & Program）及其替代方案可能产生的环境影响进行规范的、系统的综合评价，并把评价结果应用于负有公共责任的决策中。所以，SEA

包括我国现在要求的规划环评，还包括国外已经有的（我国未来也可能有的）政策环评和计划环评等环评形式。目前，在战略环评中我国研究最多应用较为广泛的是规划环评，其定义是指对规划实施后可能造成的环境影响进行分析、预测和评价，提出预防或者减轻不良环境影响的对策和措施，综合考虑所拟议的规划可能涉及的环境问题，预防规划实施对各种环境要素及其所构成的生态系统可能造成的影响，为科学决策提供依据。

5.2.1.2 EIA 的发展历程

项目环评自 20 世纪 60 年代在西方发达国家提出并实施以来，在控制和减少环境污染和生态破坏方面发挥了重要作用，但是其不足也日益明显：建设项目处于整个决策链（战略—政策—规划—计划—项目）的末端，因此项目环评只能做修补性的努力，无法从源头上保护环境；对单个项目的认可或否决，并不能影响最初的决策和布局。而环境问题在人们着手制定政策、规划和计划时就已经潜在地产生了。

战略环评制度产生于美国 1969 年的《国家环境政策法》①。该法案提出“在对人类环境质量具有重大影响的每一项建议或立法建议报告和其他重大联邦行动中，均应由负责官员提供关于该行动可能产生的环境影响说明”。20 世纪 70 年代中期，欧美一些国家开始把环评应用扩展到规划层次；80 年代初期，又将环评提高到政策层次。到 80 年代末，战略环评开始得到世界范围的广泛接受。加拿大在 1990 年以《内阁指令》的形式，要求政府各部门在战略层次考虑环境因素，进行严格的环评，并成立了专门的环境评价局；在美国，环保、能源、住房与城市发展、交通及林业等部门都积极参与战略环评，80 年代仅环保局平均每年完成约 40 项战略环评。

我国的环评大致分为四个阶段：第一阶段为准备阶段（1972—1979）。1972 年联合国斯德哥尔摩环境会议之后，我国开始对“环评”制度进行探讨和研究。1973 年 8 月在北京召开的第一次环境保护会议，拉开了环境保护的序幕。1979 年 9 月颁布了《环境保护法（试行）》，首次把“环评”和基本建设项目实行“三同时”作为强制性的法律制度确定下来。我国的环评事业至此也进入稳定的

---

① 战略环评与可持续发展——潘岳副局长在第八届绿色中国论坛上的发言，http：//www.mep.gov.cn/gkml/hbb/qt/200910/t20091030_180656.htm.

发展阶段。

第二阶段为发展阶段（1979—1986），1981 年 5 月颁布的《基本建设项目环境保护管理办法》对“环评”的范围、内容、程序以及管理等做了具体规定，建设项目的环境影响评价开始有章可循。1982 年第二次全国环境保护会议，成立了国务院环境保护委员会，并将城乡建设环境保护部环境保护局改为国家环保局，环境保护被列为国家重点工作，促进了环境影响评价的更快发展。

第三阶段为完善阶段（1986—1990），在国家环保局及各个部门的共同努力和关注下，环保事业日渐被提高到工作的每一个环节中，环境保护也日益的深入人心。国家各部门不断的修改、完善和颁布环境保护以及环境影响评价的相关法规条文，于 1989 年颁布了《中华人民共和国环境保护法（1989）》，并重新修改颁发了《建设项目环境影响评价证书管理办法》，把评价的范围从原来的基本建设项目扩大到所有对环境有影响的建设项目，并对“环评”内容、程序、法律责任等作了修改和补充。

第四阶段为提高阶段（1990 年至今），加强了国际间的交流与合作，吸取外部先进经验，提高环境影响报告书的质量和作用，评价范围从工业项目的污染为主向生态评价发展，从项目环评提升到规划环评，把对环境的影响评估扩大到流域和区域范围。2003 年 9 月 1 日开始实施的《中华人民共和国环境影响评价法》中确定了战略环评的地位。该法明确要求对土地利用规划，区域、流域、海域开发规划和 10 类专项规划进行环境影响评价，这是对我国环境影响评价制度的重大完善。2009 年 8 月 12 日国务院第 76 次常务会议通过《规划环境影响评价条例》，加强了对规划的环境影响评价工作，提高了规划的科学性，从源头预防了环境污染和生态破坏，标志中国的环境影响评价立法进入新阶段。

5.2.1.3 EIA 的重要性

环境影响评价是一项技术，也是正确认识经济发展、社会发展和环境发展之间相互关系的科学方法，是正确处理经济发展使之符合国家总体利益和长远利益，强化环境管理的有效手段，对确定经济发展方向和保护环境等一系列重大决策上都有重要作用。环境影响评价能为地区社会经济发展指明方向，合理确定地区发展的产业结构、产业规模和产业布局。环境影响评价过程是对一个地区的自然条件、资源条件、环境质量条件和社会经济发展现状进行综合分析的过程，它是根据一个地区的环境、社会、资源的综合能力，使人类活动不利于环境的影响限制到最小。在中国，造成环境问题的原因很多，比如没有一套环境责任追究与考核评价制度；比如条块分割不统一的环境监管体制；比如没有一套实现环境经济双赢的政策体系等，但是最严重的还是缺乏规划的结构布局。

环保局只有项目环评审批权，报上来的每个项目都符合环保条件，但挤在一个区域合不合理，当地的生态环境能否承载得了，这就需要做整个区域的环评。中国国家环保总局副局长潘岳在“战略环评在中国”国际研讨会上说，“目前来看，在中国规划环评确实面临着非常大的阻力，可以说是步履维艰。主要阻力来自于利益冲突，因为规划环评所注重的长期利益、全局利益，往往与‘重审批轻规划’的部门利益和‘短平快出业绩’的地方利益相冲突，致使两年来很多地区和部门对这项工作不支持，并以种种理由逃避开展规划环评的责任”。

5.2.1.4 案例分析

环境影响评价报告的编写可分为三个阶段，第一阶段为准备阶段，主要工作为研究有关文件（已审批的项目建议书、规划草案，国家的有关法律文件等），进行初步的分析和环境现状调查，筛选评价因子，确定重点评价项目，确定各单项环境影响评价的工作等级，编写评价大纲。第二阶段为正式工作阶段，主要工作为环境现状分析、工程分析、环境影响预测和环境影响评价。第三阶段为报告书（表）编制阶段，其主要工作为汇总、分析第二阶段所得的各种资料、数据，并得出结论和提出跟踪监测评价方法，完成环境影响报告表的编制。

环境影响评价主要有工程分析和污染源评价、清洁生产评价、地表水环境影响评价、大气环境影响评价、固体废弃物环境影响评价、环境噪声影响评价、生态环境影响评价、社会经济环境影响评价。虽说这些环评的项目类型不同，环评的方法也不同，但是其最大的目的是把环境的影响降到最低。在中国这是一个比较成熟完善的环境政策，可以有法可依，可是中国企业在海外投资时，在没有环评法律或是环保法效力较低的国家或是地区，不能枉顾对环境和资源的破坏，应该根据国际公约或是我国项目运行的程序进行环境影响评价，对环境影响进行预测，并提出解决方案，以递交给当地政府或是相关部门审核。

下面将以一案例（专栏 5-1）来说明中国海外企业在进行海外投资过程中，依据东道国的法律或是国际公约的相关规定，做环境影响评价报告的重要性。这不仅对企业自身有促进作用，也能提高企业在当地社区的知名度，促进与当地社区的友好关系，同时也对我国企业在国际上的形象至关重要。

专栏 5-1　中国公司在海外开发中的环境影响评价分析

柬埔寨制定的第三个国家发展战略五年规划中，计划将以最小的代价实现最大的发展成果。在工业发展中，着重发展制衣业；加强电力和清洁水供应基础设施建设；积极开发矿产和油气资源。其中在电力发展方面，柬政府将尽最大努力争取人力、技术和财力资源的支持，积极发展电力，以减少贫困，提供充足、价格合理的电力能源。为此，柬政府制定了电力能源供应战略，即在平等竞争条件下，支持双边、多边及私有企业参与柬电力能源建设，为柬经济快速发展，提供充足电力能源，其中主要的一个发展方向是积极吸引外资，实施多种形式合作，加快大中型水电站建设。在这一战略的推动下，各个国家包括中国的水电企业纷纷寻求与柬埔寨政府的合作，开发水电站。

柬埔寨的东南部象山（Elephant Mountain）地区，水资源丰富，最大的河流是 Prek Kampong Saom，孕育了奇山异林，养育了上千的土著居民。其中有 3046 公顷由国际组织帮助社区建立并保护起来的社区森林，人们依靠水产品、林产品以及林副产品为生。而拟建的 Kirirom Ⅲ水坝，横跨 the Stueng Pongrul 河，并将淹没这片社区森林，届时对社区居民的生活将会产生严重影响。

Kirirom Ⅲ大坝开发计划在 2004 年提出，装机容量为 15MW，投资 4030 万美元，施工单位是中国的 CETIC 公司（China Electric Power Technology Import and Export Corporation），并由中国进出口银行提供贷款，将在 2011 年竣工发电，为金边或其他地区提供电力。虽然这个项目在 2010 年才开始动工，但是他的建设已经得到各个方面的关注，无论是政府，还是 NGO 和社区公众。已有 NGO（如 AFSC①）开始针对大坝建设的地区进行专项研究，从地理概况、自然环境、人文环境、环境影响的区域以及公众的参与度等都进行了调查和访问研究。2005 年，文化与环境保护协会（CEPA，Cambodia Culture and Environmental Preservation Association）经过实地调查和访问，完成了《Sekong River-Basin Livelihood Study in Northeast Cambodia》，对流域内的自然环境、经济条件、生计、社区发展状况、健康状况、公共服务等进行了详细的描述。②

柬埔寨 1996 年的《环境保护和自然资源管理法》要求对所有的项目进行环境影响评价，在 1999 时，颁布了《环境影响评价程序》，进一步确定了环境影响评价的性质和范围。近年来，在世行、亚行等机构的支持和帮助下编制的《环境影响评价指南》，将更加

① AFSC 是 American Friends Service Committee，柬埔寨—NGO 组织。

② CEPA，*Sekong River-Basin Livelihood Study in Northeast Cambodia*，Phnom Penh，2007.

详细的指导柬埔寨环境影响评价工作。

2008 年，委托柬埔寨的 SAWAC 咨询公司编制了 Krirom III 水电站的环境影响评价报告，侧重于生物多样性的影响。同年 AFSC（American Friends Service Committee）和柬埔寨河流联合会（Rivers Coalition in Cambodia）联合编写了一份名为《Before the Dam》的报告，则具体分析了 Krirom Ⅲ大坝的建设对社区居民的生计和生态环境的影响。[①]这份报告提出 SAWAC 公司编制的环境影响评价报告中没有提到项目对社会影响或是社会环境影响，也忽略了森林对当地社会的重要性，也没有注意到公共安全问题，尤其对社区居民影响深远的水质和水量问题。虽说由 SAWAC 公司编制的只是初步的环评报告，但是在这个报告里不仅要注意对生物多样性的影响，也要注意对社区的影响，对经济的影响，统合三方面的影响，才能提出完整的环境影响的预测，提出切实可行的解决措施，以预防项目建设带来的负面影响。同时 NGO 人员还提出公开环评报告，增加环评的透明度，以利于相关利益者监督和审查。由此可见不仅需要专业性强、独立的第三方公司来承担环评工作，还需要公示环评报告，已使专业人员和利益相关者查缺补漏，完善环评报告。

另外，社区公众的力量也能小觑，只有与社区和谐相处才能有利于项目的进展。虽说 Krirom Ⅲ还没有正式开工，但是一些前期的工作已经开始，例如修建公路等，从而也引发了公司与社区的矛盾，由于历来社区都只有蜿蜒的小路通往外界，平坦的油漆路修好了人们很高兴，他们终于能方便快捷的与外界沟通了，但是令他们失望及气愤的是，公路被设置了路障，禁止居民们自由通过。因此，在 NGO 的帮助下，他们希望能找到公司的负责人协商，允许社区居民使用公路，也组织了几次抗议，并向当地政府提出诉求。同时他们还注意到了修建大坝对他们生活的影响，也希望大坝的建设者能给他们以合理的帮助。其次，社区居民担心他们的生活受到影响，大坝的建设将阻碍他们从河里、森林中获得赖以为生的资源，降低他们的生活质量。从这一事件，我们看到当地社区与公司和谐相处的重要性，企业可以适当的雇佣当地居民，解决一部分人的就业问题，还可为社区提供便利的生活设施，避免与当地社区的直接冲突，减缓矛盾，以利于项目的发展；处理好与当地社区的关系，也是中国企业在海外投资中最重要的一环。只有受到当地社区欢迎并得到高度评价的企业，才能在海外投资的激烈竞争中存活下来，也才能达到“走出去”的目的。

在柬埔寨 NGO 非常活跃，是一股非常大的社会影响力。社区居民往往在柬埔寨 NGO（当地或是国际组织）的帮助下，逐步了解项目的开发建设对他们的影响，以及积极向政府和开发公司提出诉求，争取自己应得的利益，居民们会聚在一起谈论大坝的建设对他们生活的影响，并学习怎样才能使自己的利益不会受到更大的损害。但也看出他们急需发展，脱离贫困的窘境。

来源：《Before the Dam》，AFSC and the Rivers Coalition in Camboida

---

① AFSC and the Rivers Coalition in Cambodia，“*Before the Dam*”，Phnom Penh，2008.

5.2.2 生态补偿（或生态服务付费）（PES）

5.2.2.1 生态补偿概念

生态补偿或生态服务付费（Payment for environmental/ecological services）是指国家或社会主体之间约定对损害资源环境的行为向资源环境开发利用主体进行收费或向保护资源环境的主体提供利益补偿性措施，并将所征收的费用或补偿性措施的惠益通过约定的某种形式，转移到因资源环境开发利用或保护资源环境而自身利益受到损害的主体的过程。是以保护和利用生态系统所提供的服务为目标，以经济手段为主要方式，调节生态保护利益相关者之间的权利义务关系的制度安排。目前，国际上与中国生态补偿含义接近的有生态/环境服务付费、生态/环境服务市场和生态/环境服务补偿，其实质是由于土地使用者往往不能因为提供各种生态环境服务（包括水流调节、生物多样性保护和碳蓄积等）而得到补偿，因此对提供这些服务缺乏积极性，通过对提供生态/环境服务的土地使用者支付费用，可以激励保护生态环境的行为，该措施还可以为贫困的土地所有者提供额外的收入来源，以改善他们的生计。上述概念中使用最广泛的是生态/环境服务付费。

国际上所说的“生态（环境）补偿（Ecological/environmental compensation）”主要是指：通过改善被破坏地区的生态系统状况或建立新的具有相当的生态系统功能或质量的栖息地，来补偿由于经济开发或经济建设而导致的现有的生态系统功能或质量下降或破坏，保持生态系统的稳定性，与我国生态学意义的生态补偿比较接近。与目前阶段的“生态补偿”比较接近的概念是“生态/环境服务付费（PES）”，就是因为享有和使用生态服务这一产品，所以要支付费用。国内除了“生态补偿”，还存在“生态环境补偿”、“生态效益补偿”、“生态效益价值补偿”、“生态经济补偿”等不同表达方式。李文华院士等在2006年对生态系统服务功能付费和生态效益补偿两个相关概念在内涵上存在的交叉和细微差别进行了比较，指出针对我国的情况，采用生态效益补偿概念更为贴切。

5.2.2.2 我国生态补偿历程

我国生态补偿的研究始于 20 世纪 80 年代对生态学意义上生态补偿的探讨和经济学意义上生态补偿的摸索（1992 年以前）。最早的生态补偿的概念由张诚谦在 1987 年提出，他指出：所谓生态补偿就是从利用资源所得到的经济收益中提取一部分资金并以物质或能量的方式归还生态系统，以维持生态系统的物质、能量在输入、输出时的动态平衡。联合国环境与发展大会后，进入主动的基于环境损失赔偿的理论探讨阶段（1992—1998）；随着生态保护的加强、生态工程的实施以及保护和发展矛盾的加剧，生态补偿含义拓展到对生态环境保护者进行补偿，进入理论和实践相结合的阶段（1998 年至现在），并成为国内社会各界的热点问题。但是目前生态补偿的含义、理论依据和补偿标准以及生态补偿研究的核心问题仍然存在不确定性。

我国生态补偿含义经历了从生态学意义到经济学意义的发展历程，目前阶段的生态补偿含义与国际上的“生态系统服务付费”比较接近。理清生态补偿费与环境费、资源费的关系是生态补偿定位的关键，主要是确定与后者的包含或者补充关系；生态补偿的环境经济学理论来源是基本一致的，即环境外部成本内部化原理和公共物品理论，但是生态系统服务作为生态补偿的理论依据还存在基于效益补偿还是基于价值补偿的争论；生态补偿标准确定主要包括基于生态系统服务量化、成本（机会成本）或通过供需双方的博弈等方法，目前仍然处于探索阶段。上述科学问题是决定生态补偿实施的可行性和有效性的关键性问题，需要从我国的实际出发，从不同区域的现实出发结合理论探讨和实践需求进行研究，建议日后加强以下几个方面的研究：

① 与现实需求一致的生态补偿概念的确定和科学定位；生态补偿的定位问题最主要的就是解决生态补偿费与“排污费”、“资源费”之间的关系问题。

② 以现实有效性为基础的理论依据和补偿标准计算；生态补偿标准的确定决定了补偿的大小，关系到补偿的效果，在我国对于究竟应如何确定补偿标准仍然存在不同观点。

③ 基于利益相关方多方参与的生态补偿机制研究。

④ 生态系统服务研究与生态补偿研究的结合。

1998 年以后，我国生态补偿研究进入了理论和实践相结合的阶段，研究领域也从完善森林和矿区的生态补偿，扩展到区域生态补偿、流域生态补偿、自然保护区生态补偿、生态工程（退耕还林（草）、退田还湖、退牧还草）生态补偿等各个领域。我国政府对生态补偿机制的高度重视和生态工程的实践，把生态补偿研究推向了一个新的高潮。建立生态补偿机制正成为目前社会各界的热点问题，各地要求建立生态补偿机制的呼声越来越高。2001 年国家在林业部门以法律的形式建立了森林生态效益补偿基金的管理和使用制度（陈波等，2007），2005 年 12 月颁布的《国务院关于落实科学发展观加强环境保护的决定》，2006 年颁布的《中华人民共和国国民经济和社会发展第十一个五年规划纲要》等关系到中国未来环境与发展方向的纲领性文件都明确提出，要尽快建立生态补偿机制，与建设和谐社会，促进人与自然的和谐以及社会主义新农村等现实需要相一致。全国各地尤其是西部各地区均呼吁要尽快建立相关的机制和政策；2007 年 8 月 24 日，国家环保总局发布了《关于开展生态补偿试点工作的指导意见》，浙江等省市率先进行试点工作，积极探索实践经验。

5.2.2.3 流域补偿

所谓流域生态补偿机制，是通过一定的政策手段实行流域生态保护外部性的内部化，让流域生态保护成果的受益者支付相应的费用，实现对流域生态环境保护投资者的合理回报和流域生态环境这种公共物品的足额提供，激励流域上下游的人们从事生态环境保护投资并使生态环境资本增值。

近年来，作为生态补偿的一个重要组成部分的流域生态补偿逐渐成为国际上研究的热点，尤其是在湄公河流域。湄公河流域水电开发成为湄公河流域国家的主要经济来源，无论是已建或即将建设的水电站，都受到环保人士以及 NGO 的诸多指责。生态补偿的原则是指“谁开发，谁保护；谁受益，谁补偿”，由造成生态破坏或由此对其他利益主体造成损害的责任主体承担恢复责任或补偿责任；由生态效益的受益主体，对生态保护主体所投入的成本按受益比例进行分担；对难以明确界定受益主体的公益性生态保护成本，则由政府通过公共财政予以补偿。①

① 来源 http：//www.chinacitywater.org.

专栏 5-2 纽约市饮用水生态补偿

纽约市与上游 Catskills 流域（位于特拉华州）之间的清洁供水交易是一个非常成功的生态补偿的典型案例，给各国制定流域生态补偿提供了实践经验，以寻求到保护环境和生态建设的科学之路。

纽约市约 90%的用水来自于上游 Catskills 和特拉华河，1989 年美国环保局要求，所有来自于地表水的城市供水，都要建立水的过滤净化设施，除非水质能达到相应要求。在这种背景下，纽约市经过估算，如果要建立新的过滤净化设施，需要投资 60 亿～80 亿美元，加上每年 3 亿～5 亿美元的运行费用，则总费用至少要 63 亿美元。而如果对上游 Catskills 流域在 10 年内投入 10 亿～15 亿美元以改善流域内的土地利用和生产方式，水质就可以达到要求。因此，纽约市经过比较权衡之后，最后决定通过投资购买上游 Catskills 流域的生态环境服务，来改善纽约市饮用水的质量。

美国税务局通过协商确定流域上下游水资源与水环境保护的责任与补偿标准，通过对用水户征收附加税、发行纽约市公债及信托基金等方式筹集补偿资金，补贴上游地区的环境保护主体，以激励他们采取有利于环境保护的友好型生产方式，从而改善 Catskills 流域的水质。而实践证明这是非常成功的流域生态补偿的案例。

来源：Albert Appleton 的论文（Albert F. Appleton，2002）以及互联网

依据纽约市供水系统的生态补偿标准，而在其他国家没有成功的生态补偿案例作为标准的基础上，首先根据所在国的法律法规及其环境标准，再根据当地的实际情况，协商各利益相关方提出生态补偿的标准，提出一套完整的生态补偿系统，在各个国家的各个领域内推行，以期找到适合于本国实际发展的补偿方式。例如，在水电开发领域内的生态补偿形式可以是下面的形式（见图 5-1），NGO 可以在政府和企业间起到桥梁作用，代替政府组织和协调签订保护协议，以保护受到项目建设威胁的生态环境和生物多样性，同时帮助企业履行社会责任和环境责任，从中斡旋企业与社区间的经济发展关系，提高社区居民的生活水平。为了使资金得到可持续性的流动，必须在政府和企业认可的基础上建立生态补偿基金，委托独立的第三方机构管理资金的运作。补偿基金的资金来源将是企业由于破坏了环境而进行的补偿（补偿的金额将由实际情况而定或是政府和企业协商而定），再加上用电户由于对电力的需求，间接地对环境产生了影响，也应承担相应的环境责任，故可将电费增加 0.01 元（此数据是美国水生态补偿的经验值，不是一概而论的，可根据各地区的情况确定，当然前提是双方或是多方都认

可），作为生态补偿基金，用于社区发展（上下游社区）。当然，将电费提高0.01元作为补偿金，必须在政府与企业和购电方签订开发与购电协议时明确规定，增加其使用的透明度，以取得企业和用电户的更大支持。

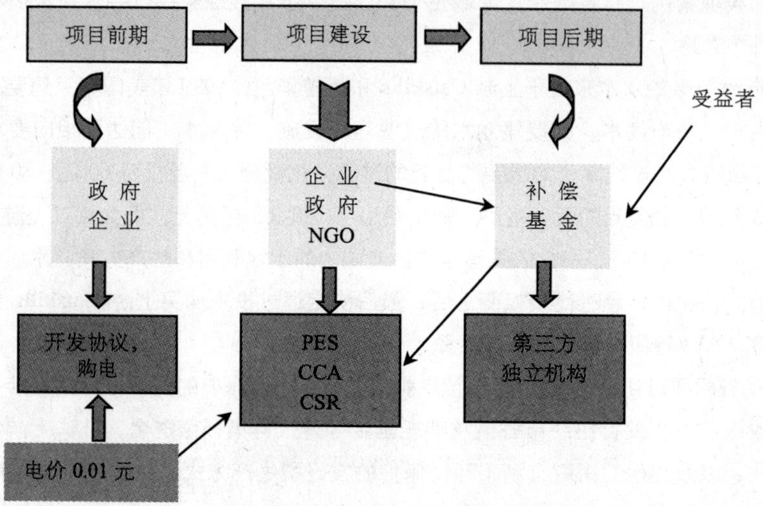

图 5-1　生态补偿模式

5.2.2.4 案例分析

PES在世界各国受到了广泛关注，尤其是中美和南美地区已经有相关的PES实践。例如，哥斯达黎加1997年开始实施了较完备的PES项目—森林生态补偿，该项目由国家森林基金支持，对土地使用者进行的林木重新栽植、可持续采伐、天然林保护行为进行土地利用特别补助。另外，私营水电生产商La Manguera SA与非政府组织Monteverde保护联盟之间签订了关于取水付费的双边协议。2003年，墨西哥实施了水文环境服务付费项目，通过收取水源使用税，为具有重要水文价值的森林生态系统保护而付费。在哥伦比亚，考卡河流域的水源使用者要为流域的保护行为付费。在厄瓜多尔，Guito市将水源使用者和电力公司支付的费用建立水基金，用来为水源地保护区的保护行为付费。下面以哥斯达黎加的森林生态补偿为例说明。

专栏 5-3 哥斯达黎加的森林生态补偿[①]

哥斯达黎加是位于中美洲的发展中国家，是连接北美大陆与南美大陆生态系统的天然桥梁，是国际上生物多样性保护的热点地区之一。哥斯达黎加的国土面积占地球陆地总面积的 0.001%，但却拥有地球上 6%的物种，正因为此，它也被看做生物多样性最丰富的国家之一。

虽然哥斯达黎加的生态补偿没有单独的法律规范，但是其在 1996 年的《森林法》中做出了完整的规定。哥斯达黎加的森林生态补偿制度，主要牵涉森林生态服务提供方、生态服务支付方和国家森林基金（FONAFIFO）三类主体。在三方主体中，国家森林基金是森林生态补偿制度得以顺利实施的重要的管理机构和驱动力。根据相关法律的规定，国家森林基金负责与生态服务的支付方进行谈判，筹集资金，并与生态服务提供方签订生态补偿合同。生态服务提供方应当履行合同中约定的造林、森林保护、森林管理等义务，并有权请求国家森林基金按照合同约定的支付方式履行支付。

哥斯达黎加的森林生态补偿制度由国家森林基金（FONAFIFO）负责执行。根据《森林法》规定，私有林地的所有者向国家森林基金提交申请，请求将自己所有的林地加入到国家的生态补偿制度中，国家森林基金根据法律的规定受理申请，与符合要求的林地的所有者签订生态补偿合同。国家森林基金在合同约定的支付期限内，按照约定的金额支付环境服务费用，而林地的所有者则应当按照约定，在其所有的土地上履行造林、森林保护、森林管理等义务。生态补偿合同可大致分为四种：①森林保护合同（Forest protection）；②造林合同（Reforestation）；③森林管理合同（Forest management）（2003 年时取消）；④自筹资金植树合同（Self-financed planting）。而 1996 年《森林法》也为国家森林基金规定了非常多样化的资金来源，主要包括：①国家投入资金，包括化石燃料税收入、森林产业税收入和信托基金项目收入；②与私有企业签订的协议；③项目和市场工具，主要包括来自世界银行、德意志银行等国际国内组织的贷款和捐赠、国际债务交换、金融市场工具如债券和票据等。

哥斯达黎加的森林生态补偿制度的实施在全国范围内产生了积极效果，使得哥斯达黎加的森林覆盖率提高了 26%，森林的价值已远远不限于为人类提供木材和纤维，其环境服务被看做是重要的价值体现。但是，哥斯达黎加所采取的森林生态补偿方式也有其局限性和存在的问题。例如，不能保持资金运作的稳定性，由于没有可靠、持续性的资金来源，导致国家森林基金的资金不足；由于环境和生态的改善无法在经济学上做出公认的精确计算，因此也不能保证制度设计的公平和公正问题。总体来说，虽然哥斯达黎加采取的森林生态补偿制度有一定的缺陷，但是对其他国家即将制定的生态补偿制度仍有一定的借鉴意义。

来源：互联网

① 丁敏. 哥斯达黎加的森林生态补偿制度及其借鉴意义. http：//ceepr.gdass.gov.cn/news_view.jsp？cat_id=1001993&news_id=2016.

自然资源的开发无可避免的都会对环境和社会造成不同程度的威胁，怎样使环境影响降到最低，以使资源达到可持续的利用，这是当代研究的重大课题之一。而上游的开发对下游的影响这个课题在最近几年也提上日程，但是还没有具体的方法学来支持这一补偿形式，但是各地区也都在积极的探索中。虽说上游的开发建设带来了无可估计的经济效益，但是对生态环境以及上下游居民生活的影响也不容忽视。以柬埔寨 3S 河（3S 河是指 the Sesan River，the Srepok River，the Sekong River）流域大坝的建设对下游地区的影响为例说明。下游区的人民每年都受到洪水的威胁，房屋和良田被洪水冲毁，导致流离失所，颗粒无收。严重地破坏了植被，导致河岸侵蚀，水质不清，鱼类减少，致使依靠水及鱼类资源为生的居民不得不搬迁，以维持生计。由于水坝的建设导致的这些影响，社区居民并没有得到任何的补偿，而受威胁最大的也是这些普通的居民。东南亚，大部分水坝建设产生的影响都是跨越国境的，不仅影响本国的社区，还影响着下游国家的社区，研究出一套适合于东南亚各个国家的流域生态补偿机制更是迫切而急需的。

5.2.3 协议保护机制（CCA）

5.2.3.1 CCA 定义

协议保护机制（Conservation Concession Agreement，CCA；又称特许保护）是旨在平衡资源保护和经济发展，通过引入社会力量保护自然资源的一种创新机制。由国家政府和专业的保护机构（非政府机构包括研究机构、公司、社区、或是其他相关团体）在协议的基础上建立起制度化合约关系；合约授予保护机构以保护生态为目的来管理国有土地的权利。在此机制中，国家相关部门和当地的资源使用者同意保护自然生态系统，保护者或其他的投资者会按照预先协商的比例付给国家相关部门或是当地的资源使用者一定的费用。协议保护机制起源于秘鲁，已于 2000 年前后写入该国国家自然保护区法。

5.2.3.2 CCA 的意义

虽然中国也积极采取措施保护生物多样性，但是物种保护工作仍存在众多问题；例如，国内主流保护方式是建立自然保护区，参与保护工作的主要角色是政府机构，保护经费的来源也主要靠行政拨款，这种管理角色与经费来源的单一性造成某些保护区管理混乱，管理经费入不敷出；另外，保护工作与周边社区生计活动普遍存在冲突，加上某些资源开发企业的进驻，使生物多样性面临着毁灭性的危害。

为了缓解物种保护工作与社区生计活动和商业开发行为的冲突，从 2005 年开始，全球环境研究所（Global Environmental Institute，GEI）GEI 就开始向全国人大环境资源委员会和国家林业局的政府官员，相关领域的专家学者以及其他 NGO 介绍协议保护机制。GEI 计划在建立一个概念试点后，以此案例作为根据向政府主管部门提交政策建议书；GEI 的长期目标是将协议保护机制列入中国的自然保护区管理制度，帮助政府完善中国的保护工作体系。

在中国推广协议保护机制的意义在于：

① 通过签署协议的方式建立保护与发展的合作关系，降低了保护工作领域的准入标准，有利于吸引更多的社会群体参与保护，从而壮大保护队伍，使保护资金来源多样化；

② 由于中国还有不少物种未得到保护，在未建立保护区之前，可以用特许保护的方式授权非政府部门先进行保护。其独特的灵活快捷性可以使之成为建立保护区这种主流保护模式以外的补充模式；

③ 通过由当地土地使用权所有者自主签署协议的方式，可以保证广大社区农民的合理利益，维持他们对自然资源的可持续利用，从而为缓解社区农民的生计问题和保护工作之间的矛盾提供了一种可行的途径和方式。

这些意义在 GEI 的示范点都能完美的体现（下面将以案例形式说明），不仅缓解了社区与保护区之间僵化的关系，促进其共同合作保护森林并发展经济，既达到了保护自然资源和可持续发展的目的，又扩大了公众参与环境保护的目的。这是对中国的意义所在，那么对那些破坏较小、生物多样性又极为丰富的国家来说，协议保护机制更是事半功倍，取得更大的效果。在秘鲁和中国协议保护机制成功的指引下，因地制宜的复制或是创造出适合于本国的协议保护形式。每个国家虽然有不同的政治、社会、经济形式，但是实施保护模式的原理和目的是相同的，只有具体的实施方法不同，以及项目的运作方式不同而已。

5.2.3.3 案例分析

协议保护机制是以保护当地的生物多样性或特定动、植物物种为目的。而自然保护区也是以保护动植物及其栖息地为目的，两者所要达成的目标一致，这就为协议保护机制在自然保护区的应用奠定了基础。协议保护机制的实施将会加速生物多样性的保护和社区经济发展。在自然保护区的建设中引入新的保护机制，旨在推动社会力量参与保护，弥补保护投入的不足，扩大保护面积；通过协议保护，政府授权将社区土地转变为保护用地，补充传统保护区域的不足；发扬传统保护文化，激励当地社区参与保护，提高保护的有效性；探索新的生态补偿机制，以及协调保护与发展矛盾的新思路。下面将以在四川宝兴县蜂桶寨国家级自然保护的项目为例简单介绍协议保护机制的运作模式。

专栏 5-4　四川蜂桶寨国家级自然保护区
协议保护机制项目（CCA 项目）[①]

四川省宝兴县有国家级自然保护区——蜂桶寨保护区，是中国第一只大熊猫被发现的地方，保护区主要以保护大熊猫、珙桐为代表的珍稀动植物及其栖息地为目的。但保护区的缓冲区就与周边社区居民的生计活动区域交叠，当地的高山地理环境决定了农村人均耕地面积少，社区居民只得以挖掘草药为生，砍伐薪柴取暖，使保护区植被破坏极为严重，并且屡禁不止；保护区管理局与社区居民的关系也十分紧张。

为了促进对自然资源以及动植物栖息地的保护，提高人民的生活水平，促进当地就业，GEI 于 2005 年 11 月与保护区管理局以及县政府等相关部门协商，并对保护区及其周边社区现状进行充分的前期调查，GEI 专家组成员认为完全可以在蜂桶寨自然保护区开展协议保护机制的示范项目。

经过充分的洽谈，特许保护协议签署仪式于 2007 年 4 月 17 日在宝兴县举办。根据协议保护机制概念，GEI 项目组通过与四川宝兴县政府签订主要协议，承包宝兴县内蜂桶寨自然保护区周边社区的 1771 公顷土地使用权，进行环境保护工作和有限的社区资源开发活动；另外，GEI 项目组与当地社区主体——农民合作社签订附属协议，承诺将部分土地使用权转包给社区居民，并向居民提供养殖活动的技术和金融支持，使他们提高经济收入，将保护区周边及内部地的自然资源被使用程度降到最低。协议中同时列明居民在接受养殖支持的同时，以承诺不再进行野外资源开发作为相应的义务交换。

① 来源：GEI 协议保护机制项目。

2007 年 6 月开始，GEI 项目组在宝兴县项目区建立了肉兔养殖基地，购买了 122 对优质种兔用以繁殖仔兔，并逐步吸引越来越多的农户参加养兔活动，以扩大养殖规模。截至 2008 年 7 月，GEI 项目组完成 103 口沼气池的修建工作，直接减少蜂桶寨国家级保护区周边社区的年薪材砍伐量约 50 万公斤，减少 CO_2 排放约 577 吨。第一批 100 桶蜂群于 2007 年 5 月发放到蜂农手中。项目组帮助蜂农制定了管理制度，明确责任和收益分配制度。到 2007 年底，共有 105 户居民加入养殖活动，其中 20 户取得蜂蜜销售收入 6250 元，平均年收入增加 313 元。在两年多的时间里，协议保护项目取得了明显成效，先后有 20 多个国家的专家参观了项目，包括 GEF、CI、联合国世界自然遗产办公室在内的许多国际组织也对项目给予了高度评价。2008 年 10 月，CCA 项目荣获世界银行发展市场活动的“创新奖”，协议保护机制概念开始引起社会关注。从 2009 年开始，GEI 森林组在宝兴当地开设了第二期项目，将扩大社区发展规模，完善社区独立组织产销活动的能力，并鼓励当地水电企业参加生态补偿支付活动，并以本项目为依据，将协议保护机制向本年度国家自然保护区法的立法进程推荐。

为了提高当地社区居民的生计，在项目结束后，社区居民能通过市场的运作方式更大的改善其经济状况，同时减少对自然资源的破坏。GEI 与保护区管理局以及县政府为决定建立保护与发展基金，作为支付社区发展项目的资金，以低息或者无息贷款的形式为当地的居民提供资金支持，资金经过滚动，再回流到保护与发展基金，支持更大范围的社区发展，以保证基金的可持续发展。GEI 除了资金资助外，还提供技术支持，帮助农民发展规模养殖，拓展市场，以市场机制解决环境问题，促进资源的可持续利用。为此 GEI 建立了一套有效的协议保护机制的模式，如图 5-2 所示。为了使这些项目以商业模式运作下去，避免项目结束后工作人员和资金一撤出，居民还回到项目进入前的生活方式，并没给社区带来实质性的改变，为转变这种尴尬的局面，GEI 启动了企业家培训计划，聘请国内外的环境和企业运作专家培训一批学员，学成后，派往每一个项目区，指导社区居民把示范项目转为以市场为基础的商业模式，真正的实现 NGO 项目受惠于人。

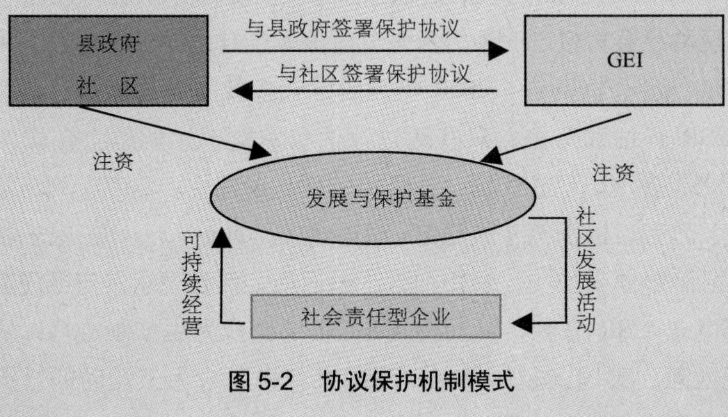

图 5-2　协议保护机制模式

来源：GEI

协议保护机制的实施主要包括三方面：一是保护活动的预期结果；二是支付给放弃使用资源的利益相关者的周期性补偿；三是监测和查证保护协议的实施。协议保护机制有很明显的优势，不但能切实有效地保护资源和环境，还能为依靠自然资源生活的人提供赖以为生的方式。首先，它将为各地资源所有者增加保护动力，通过保护成效，定期支付补偿金来实现，同时会依据详细定义的保护协议履行的衡量标准来监测投资的有效性。其次，它的灵活性决定了在不便于用建立保护区的行政手段进行保护的地区都可以得到保护，例如私有土地或土著人聚居地。最后，它可以提供一个以保护为目的的真正的市场机制，每个协议的执行方都通过竞标的形式产生，既有利于吸收社会闲散资金，又可以使真正有能力的机构或个人参与保护工作。如果和其他的环境管理手段结合在一起，例如环境影响评价、生态补偿等机制，将会形成一整套的资源开发和社区发展的运作模式，更好地指导企业可持续的利用自然资源。

5.2.4 企业社会责任（CSR）

20 世纪 90 年代，“全球化”和“自由贸易”成了最热门的话题，跨国公司利用全球自由经济和低廉劳动力，致使经济势力和利润不断增加的同时，他们也开始被要求要对产品生产制造的所在国家负起责任，而所谓负起责任的主要作为，就是跨国公司透过在供应链中推行一套道德采购标准，致力于改善发展中国家的劳动条件和环境标准。

CSR 运动是由劳工组织、消费者团体、人权组织和环保组织等非政府组织所发动的，并与劳工运动、人权运动、消费者运动、环保运动互相联系互相支援，形成了两种社会力量，一种力量是反对资本全球化的劳工运动，另一种是劳工贸易壁垒的推行。据调查，2000 年以后，大多数欧美跨国企业都对其全球供应商实施 CSR 评估和审核，只有通过评估和审核，才能建立合作伙伴关系。CSR 开始越来越多地出现在跨国公司订单的附加条件中。耐克、阿迪达斯、沃尔玛、麦当劳、雅芳、欧洲高尔夫服装公司、德国 Otto-Versand、家乐福等跨国公司为了避免品牌形象受影响，纷纷加入这一运动，而且要求其产品配套企业和合作企业均要遵守 CSR 守则，从而将 CSR 扩展到作为生产制造基地的发展中国家，印度尼西亚、泰国、越南等东南亚国家都先后成为该运动的重点。同期，CSR 影响到我国进入欧美公司供应链的企业，这些跨国公司零售集团已经开始在深圳、东莞、莆田等地设立劳工监督部门。越来越多的企业迫于压力，越来越认可 CSR 的自愿标准 SA8000，认为只有通过认证才能使企业得到更多的市场机会，“门槛”变为“门票”。

5.2.4.1 CSR的定义

许多重要国际组织对于 CSR 予以高度关注，给出了定义，尽管有多种表述，但是其基本内涵和外延一致，即企业公民要承担对社会的责任，突出地强调利益相关者，特别是劳动者和环境保护。一般认为，所谓企业的社会责任（CSR）是指：企业在追求利润最大化的同时或经营过程中，对社会应承担的责任或对社会应尽的义务，最终实现企业的可持续发展。

联合国《全球契约》（Global Compact）要求加入的企业自觉遵守涉及人权、劳工、环保、反腐败等领域的十项原则。[①]世界银行定义 CSR 为，企业与关键利益相关者的关系、价值观、遵纪守法以及尊重人、社区和环境有关的政策和实践的集合，是企业为改善利益相关者的生活质量而贡献于可持续发展的一种承诺。世界经济论坛认为，作为企业公民的社会责任包括四个方面：①是好的公司治理和道德标准，主要包括遵守法律、现存规则以及国际标准，防范腐败贿赂，包括道德行为准则问题，以及商业原则问题。②是对人的责任，主要包括员工安全计划，就业机会均等、反对歧视、薪酬公平等。③是对环境的责任，主要包括维护环境质量，使用清洁能源，共同应对气候变化和保护生物多样性等。④是对社会发展的广义贡献，主要指广义的对社会和经济福利的贡献，比如传播国际标准、向贫困社区提供要素产品和服务，如水、能源、医药、教育和信息技术等，这些贡献在某些行业可能成为企业的核心战略的一部分，成为企业社会投资、慈善或者社区服务行动的一部分[②]。BSR（Business for Social Responsibility）[③]是美国权威的帮助会员公司实施社会责任战略进而实现商业成功的组织，它界定 CSR 为，通过尊崇伦理价值以及对人、社区和自然环境的尊重，实现商业的成功。定义的侧重点虽然有所不同，但都说明了企业在追求利润最大化以外，还应履行其应尽的社会责任。

---

① http：//www.ungobalcompact.org.

② 企业公民责任意识在公共危机中提升，http：//www.cfcsr.org.

③ http：//www.bsr.org.

5.2.4.2 CSR的量化标准

CSR运动的推动方式主要是以《全球契约》直接鼓励和推动的“企业生产守则运动”，作为其实施和验证的工具和手段。在众多的生产守则中有的为跨国公司自己制定，也有由商会、多边组织或者国际机构制定的“社会约束”性生产守则，主要分布于美国、英国、澳大利亚、加拿大和德国，其中比较有影响的生产守则制定和监察认证是美国国际社会责任组织制定的SA8000（SAI）。SA8000是1997年10月由美国经济优先权委员会认证委员会（CEPAA）制定的CSR标准，每4年修订一次，新标准颁布两年后颁布认证指南。SA8000依据《国际劳工组织宪章》、《联合国儿童权利公约》和《世界人权宣言》等国际条约制定，SA标准体系所规定的CSR是企业在赚取利润的同时，必须主动承担对环境、社会和利益相关者的责任。它从劳动保障、人权保障和管理系统三个方面，对企业履行社会责任提出了一系列最低要求，其中，雇员利益是CSR中最直接和最主要的内容和侧重点，这不同于ISO系列所考核的技术性指标。SA8000重点推广领域包括：零售业、跨国公司和劳动密集型产业。其把跨国公司作为重点，将对整个价值链上的生产商、供应商、分包商都产生影响，覆盖面会越来越广。SA8000属于非政府组织制定的民间标准，是CSR领域的自愿性标准，与ISO9000质量管理体系、ISO14000环境管理体系一样，是一套可被第三方认证机构审核的国际标准，也是全球首个道德规范国际标准。另外，还有欧洲外贸协会名为“商业社会标准行动BSCI（Business Social Compliance Initiative）”、美国成衣制造协会WRAP计划、国际玩具工业理事会ICTI守则等。

不同跨国公司或行业在推行CSR过程中，均采用自己的标准，这不可避免引起重复审核和资源浪费——部分制造商可能一年当中会接受上百次类似的CSR审核。审核结果相互的认可程度不高，不同跨国公司也往往由于商业或其他原因对审核的结果秘而不宣，这导致CSR审核流于表面和形式。

再者，企业为了通过认证而往往本末倒置，不惜以弄虚作假通过各种CSR审核，这与CSR的初衷背道而驰。

5.2.4.3 CSR之机遇与挑战

在竞争激烈的今天，企业履行社会责任已经成为各国政府招商引资以及获得公众支持的坚实利器。在国际环境保护与应对气候变化的大背景下，中国的企业面临着更多的机遇，但也面临更大的挑战。怎样能在国际市场上占据有利地位？怎样使企业达到可持续发展的目的？怎样承担更多的社会责任和环境责任？这些都是中国企业近期关注的重点，以期承担更多的环境责任和社会责任，保护环境，促进资源的可持续利用。在机遇与挑战并存的今天，应该从下面几方面提升企业的竞争力（郑怡雯，2008）：

① 让CSR变成为我国企业使命。随着CSR运动的深化，CSR理念已经进入到企业的文化中，企业积极地提出有效的应对措施，直到把CSR理念变为自觉行动，自觉地使用CSR战略，实现企业经济与社会效益共赢。

② 虽说在我国《劳动法》、《生产安全法》和《社会保障法》中已有关于CSR守则的许多规定，但是并没有直接提到“企业社会责任”。建议修改《公司法》时加入“企业社会责任”字样，在公司中倡导CSR精神，把CSR作为公司决策过程中的一项重要内容。

③ 加强政府对CSR的监管力度。在CSR运动盛行的今天，企业都会提出自己的CSR行动，但是具体的什么行为才算是履行企业的社会责任，怎样来评价企业履行的社会责任行为？这就需要有监督检查机构，主动的了解、介入和引导企业的社会责任活动，在监督机制中，不仅要融入劳工关系调节体系，还要建立劳工标准检查认证体系。

④ 国内不仅有CSR理念的研究机构，还有专门做企业社会责任案例分析的非政府组织，使得中国CSR得到更多关注。组织各种类型的企业社会责任培训会、研讨会，认清企业社会责任的实质，调动公众的力量监督企业责任行为，避免使CSR认证流于形式。

5.2.4.4 案例分析

20世纪90年代，跨国公司在全球范围内进行了战略和结构调整，调整的核心是强化公司责任。虽然在80年代中期，包括壳牌等大型的跨国企业开始编制和发布环境报告，但许多人对这个新鲜东西还未留意。近20年过去了，环境报告早已演变成企业社会责任报告或者可持续发展报告，并已成为企业界的新趋势。以 BP、壳牌为代表的石油巨头们的可持续发展报告，引领了可持续发展报告的发展潮流，为许多公司发布可持续发展报告提供了借鉴。[①]专栏 5-5 以壳牌公司在中国履行企业社会责任为例来说明。

专栏 5-5　壳牌公司的企业社会责任

壳牌集团是世界上最大的能源企业之一，致力于可持续发展，以对社会负责任的态度提供清洁能源。可持续发展是壳牌的核心价值观，也是管理程序的一部分。壳牌在全球的业务都遵循七项可持续发展原则：实现强劲的收益率；为客户提供价值；保护环境；管理资源；尊重和保护员工；造福社区；与利害相关者合作。所有项目的评估及内部审批均涉及环境及社会影响评估。

在公司的运营中，壳牌一直考虑经济活动、环境保护和社会责任三方面的平衡发展。1997 年，壳牌公司就自己的社会责任义务向公众做出承诺。其后，公司一直在通过将理念引入企业行为、承诺减少温室气体排放以及投资于可再生资源来努力实现自己的诺言。在所有运营中，采用国际环境标准和健康、安全与环保的风险管理系统，为能源行业四种主要环境影响（温室气体排放、火炬放空、能源效率和泄漏）制定自愿的减低目标。

壳牌公司所应用的健康、安全、环保的管理系统，即 HSE（Health，Save and Environment）系统，加强了公司的环境监督管理能力，关注着环境保护。HSE 系统包括：①贯彻壳牌总部健康安全环境方针和政策；②制订积极的健康安全环境计划并实施；③开展员工的环境保护宣传教育，提高员工的环境保护认识水平；④落实各级领导健康安全环境负责制；⑤年度健康安全环境审核及报告；⑥壳牌积极推进节能环保项目的开发。要求壳牌的承包商依照该项政策管理公司的运作，承担企业的社会责任。

除了这套 HSE 管理系统外，壳牌还有一个全球各个分公司都要遵守的《壳牌商业原则》，涵盖了经济、竞争、商业道德、政治活动、HSSE[②]、当地社区、沟通和交流、遵纪守法 8 个方面。1997 年首先修订了《壳牌商业原则》，新修订的《商业原则》增加了人权的内容，并确定了壳牌可持续发展的商业战略，壳牌承诺以一种可持续发展的方式开展业务，这让壳牌在发展中要通过股东的眼睛观察世界，要了解和应对壳牌运营及产品可能对社会和环境产生的正负面影响，为壳牌的未来发展争取先机。壳牌鼓励业务伙伴遵守这些原则，并赞

① 来源：http：//www.china-b.com 等.

② HSSE 是指 Health，Safety，Security and Environment.

助相关合资企业制订相应的计划。通过和利益相关者在多个层面上的交流沟通，推动企业以可持续发展方式在中国开展业务的进程。鼓励公司的高级管理人员参与中国政府的相关组织（CDF，CCICED，CBCSD）①，积极推动可持续发展的理念。同时公司的高级管理人员还参与各种可持续发展会议和研讨会，介绍壳牌的实践经验。

壳牌作为业界 CSR 实践领先者，他的重要表现就是成立了一个比较完善的企业社会责任组织管理机构，内设有专门的社会责任委员会，外设外部评价委员会。社会责任委员会按照《壳牌商业原则》、《壳牌行为准则》、《健康安全环境政策》、《壳牌可持续发展政策》等，对公司的企业社会责任政策和行为进行评估，并提出建议。同时与外部评价委员会一起对公司的企业可持续发展报告进行评价并提出建议。目前壳牌的可持续发展报告体系分为三个层次：一是集团年度可持续发展报告；二是可持续发展国别报告；三是重点项目可持续发展报告。报告中关注业务所在地的环境和社会问题，并致力于与当地社区一起提高这些地方的环境和社会表现。

另外，荷兰皇家/壳牌集团于 2000 年 6 月创建了壳牌基金会，旨在为由于能源生产和消费而产生的社会和环境问题制订可持续的解决方案，帮助受全球化影响的贫弱社区，以促进其发展。

壳牌的行动证明了其对环境和社会责任的关注以及采取的措施，从实际意义上来说，这些政策措施也起到保护环境、社会稳定的目的。但即使再严密的政策总有其缺陷以及欠缺实践的部分，如果都能达到社区居民以及大多数人的意愿，也不会发生人员绑架案了，这是社区居民比较激进的抗议，为了他们丧失的利益，为了他们贫穷的生活，为了社会分工所带来的不同待遇等，也就说明了 CSR 的路程是艰辛和漫长的。

来源：http：//www.shell.com.cn/home/content/chn-en/等

5.2.5 减少发展中国家因毁林和森林退化所致的碳排放（REDD）

5.2.5.1 REDD 提出背景

森林既是温室气体的吸收库，又是温室气体的排放源，对缓解气候变化起到重要作用。随着经济的发展，对木材的需求越来越大的同时，不可避免的造成了

① CDF（China Development Forum）指发展中国论坛；CCICED（China Council for International Cooperation on Environment and Development）指中国环境与发展国际合作委员会；CBCSD（China Business Council for Sustainable Development）中国可持续发展工商委员会。

大面积的森林功能退化，甚至被毁坏。据统计，1980—1995 年，热带地区的年均毁林率达到 1550 万公顷；1990—2000 年，全球的年均毁林率为 1460 万公顷，其中热带地区为 1420 万公顷，占全球毁林率的 97.3%，2000—2005 年的毁林率略有降低[①]。毁林主要发生在热带地区的发展中国家，由于经济发展的需要，通过出口木材获得短期的、巨大的经济效益，从而成为经济快速发展的基石。世界上森林面积最大的 10 个国家中有 8 个处于亚太地区，根据研究显示，亚太地区有 40%～50%的森林需要修复。全球范围内，毁林和森林退化被认为是温室气体排放的最大或是第二大来源，仅次于发电，造成了全世界 20%左右的温室气体排放[②]（是全世界所有轿车和卡车排放量的两倍）。另据联合国环境规划署发布的卫星地图集显示，非洲每年损失的森林面积超过 400 万公顷，这一速度相当于全世界森林退化平均速度的两倍，森林退化已成为非洲 35 个国家面临的主要环境问题之一[③]。

毁林主要源于经济利益的驱动，如交通道路建设、城市建设用地、林业用地转为农业用地、矿产资源开发和水电站建设等。当那些有价值的土地产物被无用的灌木丛和草地取代时，将造成国家潜在税收的丧失。森林是可再生资源，从理论上来说，伐木是可持续的活动，只要不破坏资源的基础，是可以产生可持续收益的。而另一项可观的收益则来源于生态旅游，森林优美的景观以及森林潜在文化是生态旅游者的最爱；森林内潜在的产物如动物、坚果、菌类等，也是森林存在的重大价值体现。据 2008 年度中国对外直接投资统计公报显示，中国对外投资的区域主要国家分布在亚洲（占总投资流量的 77.9%）、非洲（9.8%）和拉丁美洲（6.6%），而这些国家具有丰富的自然资源，但同时也是生态较脆弱地区。因此，在这些国家投资的企业，应更加注重环境的保护（尤其是生物多样性的保护），以及林业资源的可持续发展。REDD 机制的实施，可使森林资源达到可持续利用，是一种新型环境保护的措施。

2001 年在摩洛哥的马拉喀什举行的《联合国气候变化框架公约》（UNFCCC）第七次缔约方会议（COP7），通过了《马拉喀什协定》，对毁林

---

① 气候谈判下的林业备受关注，作者为中国林科院林业研究员，http：//www.ewood.cn/info/detail/10-4819.html.

② 政府间气候变化专门委员会（*Intergovernmental Panel on Climate Change*，IPCC），2007 年气候变化评估报告。

③ 联合国环境规划署网站。

进行了明确的定义。2005 年 7 月，巴布亚新几内亚和哥斯达黎加等国向 UNFCCC 秘书处建议，在第十一次缔约方会议临时议程中，增加“减少发展中国家毁林所致排放（REDD）：激励机制”，由于许多发展中国家在毁林历史数据的收集方面存在一定的难度，这个问题一直悬而未决。直到 2007 年 12 月 3—14 日，印度尼西亚巴厘岛第十三次缔约方会议上，毁林和森林退化的排放得到了承认，并请附属科技咨询机构（Subsidiary Body for Scientific and Technological Advice，SBSTA）就减少毁林和森林退化的排放和可持续经营管理、森林面积增加引起碳储量增加而采取的政策措施和激励手段所涉及的方法学问题进行研究。但是，鉴于发展中国家的技术、能力和资金有限，发达国家应向发展中国家减少毁林活动提供激励机制。特别是发达国家对发展中国家减少毁林等自愿行动、相关能力建设、相关数据收集、碳排放计量、监测、报告等提供资金和技术支持；鼓励开展示范项目，进一步探索导致毁林、森林退化和因森林可持续经营带来碳储量增加的各种驱动力①。

为了帮助发展中国家减少因毁林和森林退化所致的碳排放（REDD），2007 年 12 月 11 日世界银行启动了森林碳伙伴基金（Forest Carbon Partnership Facility，FCPF），以激励森林丰富的国家制止非法伐木和把林地转为农业用地②。世界银行行长佐利克指出目前关键的一项挑战是“把现有的财政资源引导到气候友好型的投资项目，并创造一种新的财政资源来投资于低碳技术，以及用于适应对策。”在森林资源丰富的国家，森林的可持续利用可以分为两大类，并应用不同的方法来保护。一类是完全意义的保护，可以应用协议保护机制的方式，把保护权转让给有意愿出资的机构，进行保护；另一类是可持续发展的森林，应用 REDD 机制减少碳排放，同时进行可持续的经营管理。这两种保护方式的有机结合，将促进森林的良性健康发展，保护环境，减少碳排放。将下面以亚马逊雨林为例说明毁林和森林退化对气候变暖的影响。

① 2007 年 12 月 3—14 日，巴厘岛召开的《联合国气候变化框架公约》的主要议题。

② 来源：http：//www.redd-monitor.org.

专栏 5-6 亚马逊雨林的教训

亚马逊雨林位于南美北部亚马逊河及其支流流域，森林总面积 700 万平方公里，占世界现存热带雨林的 1/3，覆盖巴西总面积 40%。北抵圭亚那高原，西接安第斯山脉，南为巴西中央高原，东临大西洋。雨林异常宽广，而且连绵不断，反映出该地气候特点：多雨、潮湿及普遍高温。[①]

这里自然资源丰富，物种繁多，每年吸收大量二氧化碳，并为地球制造出 20%的氧气，由此被誉为“地球之肺”。亚马逊雨林对全球生态和气候有着举足轻重的影响，雨林有 87%在巴西境内。巴西国家空间研究院公布的卫星图片显示，由于遭受到严重的非法砍伐和焚烧，2007 年 8 月至 12 月，亚马逊雨林的面积至少减少了 3000 多平方公里。但是，由于监控系统所记录的数据仅相当于实际情况的 40%，因此该研究院估算，在这 5 个月内，雨林实际遭到毁坏的面积可能达到 7000 平方公里。

毁林主要是在经济利益的驱使下，为了给大豆种植园腾出地方，大片森林被烧毁，或是发展为牧场。为了扭转亚马逊森林面积骤减的状况，巴西政府决定采取一系列措施避免森林继续遭到乱砍滥伐，但是在目前的市场压力下，这些措施不但没有缓解毁林现状，甚至有越来越糟的趋势。据环保组织世界自然基金会的报告称，到 2030 年，气候变化的恶性循环以及森林退化还将摧毁或严重破坏将近 60%的亚马逊雨林。2007 年 12 月发布的名为《温室中的干旱和大火———亚马逊的恶性循环》的报告指出，如今在巴西境内的亚马逊地区，砍伐森林开辟牧场、农田的现象每年正向大气中排放 2 亿～3 亿吨温室气体。当森林火灾因干旱加剧而增加时，温室气体排放的数字还会加倍。整个亚马逊地区的温室气体排放量将是巴西的两倍。环保主义者预测从现在到 2030 年，亚马逊地区将累计释放 555 亿～969 亿吨的二氧化碳，其最高值超过目前全球温室气体两年排放量的总和。

从这些温室气体的排放数字看出，毁林和森林退化给气候带来的严重影响，增加了温室气体的排放，为全球气候变暖作出了“大贡献”。如果不采取措施加以缓解或控制，将给世界经济及人民生活以严重打击。

来源：http：//yiweiyang.blog.hexun.com/16910858_d.html

减少碳排放并不是限制经济发展，应是在发展经济的同时减少排放，两者应协调发展，相辅相成。因此减少毁林和森林退化而导致的碳排放，需要有一系列的标准来规范项目的设计及施工。故此，气候、社区和生物多样性保护联盟（Climate，Community and Biodiversity Alliance，CCBA）设计并提出森林多重效益（the Climate，Community & Biodiversity Standards，CCB）项目设计标准

① 来源：http：//baike.baidu.com/view/105666.htm.

（简称 CCB 标准），这些标准将有利于减缓气候变化、倡导可持续发展、保护并恢复生物多样性[①]。CCB 标准适用于发展中国家、发达国家和新兴经济国家；也适用于私人投资和公众投资项目。例如，再造林项目可以吸引私人投资方投资碳信贷，也可以吸引政府资金用于可持续发展，并吸引保护资金支持生物多样性保护。全球性的碳交易是缓解气候变暖的一项有效措施，碳抵消市场（Carbon Offset）也将成为越来越受欢迎的手段之一[②]。尤其是个人可以在其他地方支持他人减少碳排放，从而购买碳以弥补或抵消自己的碳排放。其中，森林是最大的碳交易市场，国际林业研究中心主任 Frances Seymour[③] 曾称："全球应聚焦于适应和减缓气候变化中对森林的治理，其中关键问题是把 REDD 纳入到国家层面。虽然各国已广泛了解森林在应对气候变化上的作用，但是迄今为止没有把它纳入到这一目标中，这主要是由于缺乏真正的治理措施，来清晰地评估在保护森林以遏制全球变暖方面的不同因素之间的均衡。"

5.2.5.2 案例分析

至今，REDD 机制还没有建立一套成熟的方法学，国内外的许多机构正在不断地研究、试验和积极探索中，以期寻求到更适合、更恰当和更科学的方法，帮助发展中国家保护森林资源。在发展中国家，所采取的一系列政策都将影响 REDD 机制的实施效果，哪些政策可以减缓毁林和森林退化呢？是否规范农林产品的价格和需求、增加保护森林的利益率、森林采伐资本和劳力的增加就是最好方式呢？这些都是亟待解决的问题。此机制中，要求政府撤销促进毁林和森林退化的补助金制度，建立激励机制，利用经济和金融手段来保护森林，如森林友好型补贴、认证机制、公共和私人投资流向、转移支付机制等。最后把此机制上升到国家层面，推动国家制定出关于 REDD 机制的法律和法规，作为一种新型的环境政策或土地利用规划方式[④]，促进林地向健康良性的方向发展，减缓林地的退化。一些机构和组织正在探讨和研究 REDD 机制，不断加强在 REDD 机制上

---

① 森林多重效益（气候、变化和生物多样性）项目设计标准（中文），第一版。

② Anja Kollmuss（SEI-US），Helge Zink（Tricorona），Clifford Polycarp（SEI-US），Making Sense of the Voluntary Carbon Market：A Comparison of Carbon Offset Standards，Published by：WWF Germany.

③ Markku Kanninen，Daniel Murdiyarso，Frances Seymour，Arild Angelsen，Sven Wunder，Laura German. Do trees grow on money？ The implications of deforestation research for policies to promote REDD，Bogor，Indonesia：Center for International Forestry Research（CIFOR），2007.

④ 资料来源：中国银行，《中国银行社会责任报告 2008》。

的能力建设，以期使 REDD 机制成为最有效的减排方式。

在 REDD 机制中，强有力的管理机制和能力建设是必要的，无论是对巩固有效性的设计、直接的规范，还是对经济和金融手段的实施。导致毁林和森林退化有三个重要原因：土地的使用期限和所有权、决策程序的完整性和能力建设，因此针对这三个原因的研究显得尤为重要。因此，在时间的基础上，设计出图 5-3 的 REDD 运作流程图。REDD 项目运作时，最基本的是寻找到适合当地社会、经济和生态环境的方法学，当然也少不了监督机制，利用政府和第三方机构监督 REDD 项目的运作及资金的管理。

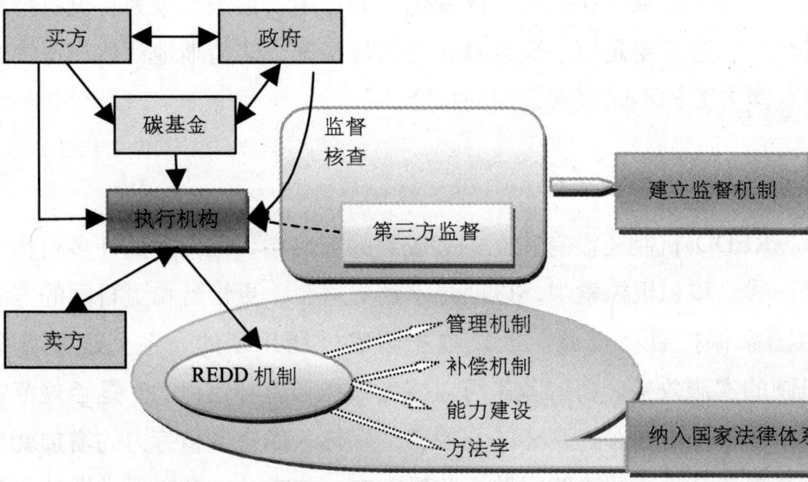

图 5-3　REDD 机制运作流程图（来源：GEI）

在毁林和森林退化的研究中，Meine van Noordwij[①] 等人还提出了鼓励减少毁林和森林退化的两种财政转移支付方式：一是创建独立的 REDD 基金；二是建立碳排放权交易。以印度尼西亚为例研究了 REDD 机制的运作形式和实施措施（专栏 5-7）。由于每个国家的国情不同，公众的认知程度不同，因此执行 REDD 机制的方法学也会有所区别。应根据实际情况，因地制宜的研究出 REDD 的运行机制和运作方式，以使其达到保护森林和环境的目的。REDD 机制刚刚起

① 世界农林中心（World Agroforestry Centre），Reducing emissions from deforestation and forest degradation (REDD) in Indonesia：options and chanllenges for fair and efficient payment distribution mechanisms，2008.

步，还没有成功的经验和方法学，各个组织和机构还都处于摸索阶段，其中，关注和研究最多是因毁林导致的碳排放，森林退化导致的碳排放的研究极少，因此从 2005 年以来，由于毁林和森林退化导致的碳排放研究一直停留在 RED（因毁林导致的碳排放）的研究阶段，还没有上到 REDD 的研究。故而，森林退化导致的碳排放问题将是今后研究工作者的着眼点。

专栏 5-7　案例分析：印度尼西亚 REDD 研究①

尽管印度尼西亚没有出现土地短缺的现象，但是他的森林面积还是比 1990 年以前减少了很多（Murdiyarso et al.，2008）。研究人员希望通过造林/再造林作为清洁发展机制的一种（A/R CDM）形式，得到可持续发展的经济和社会效益，但是目前为止还没有实现。目前印度尼西亚的森林退化率相当严重，因此，在印度尼西亚应用 REDD 机制研究毁林和森林退化导致的排放问题（REDD 而不是 REDD）意义重大。而 REDD 讨论的范围主要指土地利用方式转变而导致碳排放（图 5-4），如从林地转为耕地或是牧场等，目前来说，这是全球土地变化的大趋势，不仅仅发生在印度尼西亚，也发生在东南亚、非洲，以及美洲等国家，从而成为碳排放的主要来源。

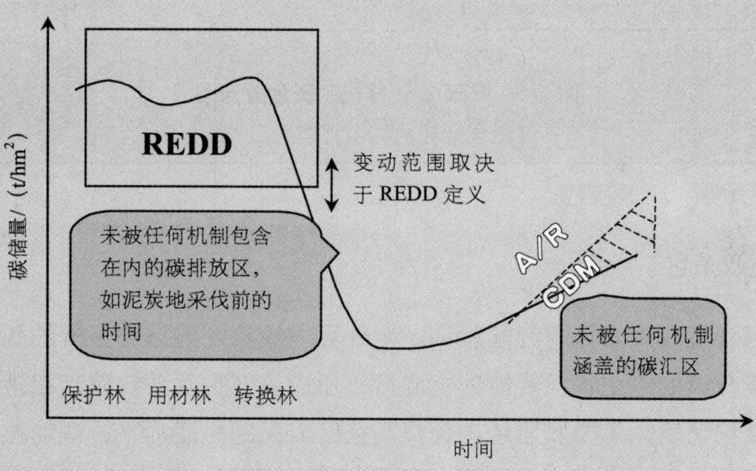

图 5-4　土地利用变化与碳储量变动趋势示意图

（源自世界农林中心报告）

① 世界农林中心（World Agroforestry Centre），Reducing emissions from deforestation and forest degradation（REDD）in Indonesia：options and chanllenges for fair and efficient payment distribution mechanisms，2008.

为了改善印度尼西亚森林退化现状，Meine van Noordwij 等人所作的研究报告指出，在国家层面的 REDD 补偿机制中，不但要包括税收的分配、补偿方式和时间，还应包括建立新的制度机制和新的风险管理机制。而最重要的则是在不同领域的金融结构转移机制，并提出了 2 种金融结构方式：一是与中央政府的交易；二是在国家基线的基础上，与地方政府或项目利益相关方的交易（图 5-5）。

研究中把补偿方式可分为预付款和分期付款；补偿金则可分为现金和非现金形式。当然以什么补偿方式为主，要看当地的实际情况，以便灵活掌握。

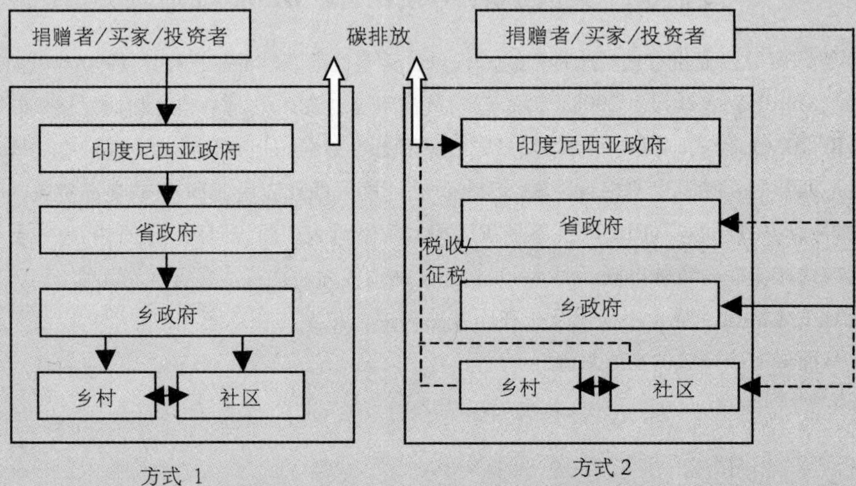

图 5-5 REDD 转移机制资金流向图

（源自世界农林中心报告）

5.2.6 环境政策包

在我国环境政策实施的经验教训，中外环境政策发展趋势分析的基础上，提出我国环境政策的建立不但要能独立施行，还应该产生互动效应，相辅相成，使其不仅能保护环境，还要发展经济，提高社区居民的生活水平，调动社区保护环境的积极性。因此，基于我国环境现状和环境管理政策，提出“环境政策包”（如图 5-6），综合运用上述提到的环境管理手段，均衡环境保护和经济发展。尤为重要的是，在企业“走出去”的同时，推动中国的环境政策“走出去”，指导和规范中国海外企业与金融信贷机构在海外投资中的环境和社会行为。

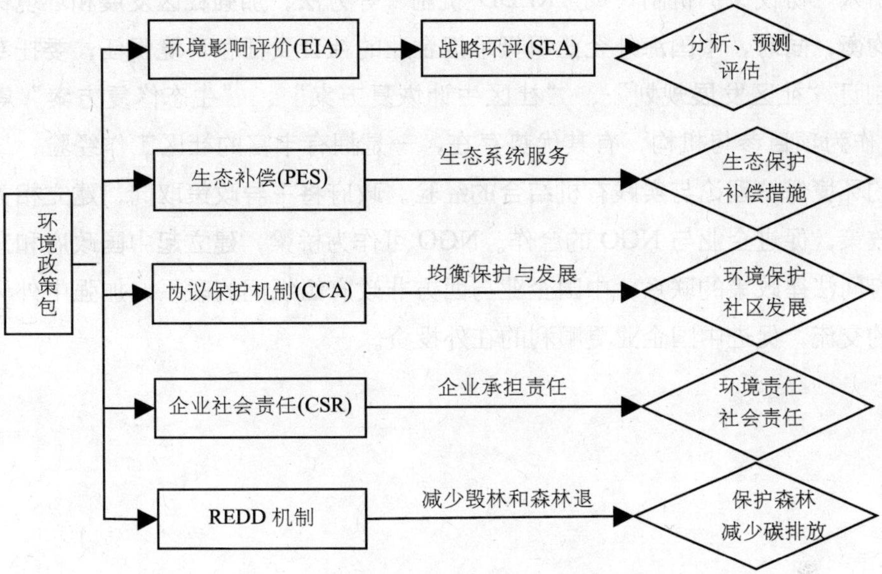

图 5-6　环境政策工具包

环境政策包的形成，将构建综合调控系统，有效提高环境的管理和监督。积极推动政府、企业和 NGO 的合作，完善环境管理手段的综合运用，形成政府指导，企业支持，NGO 设计执行的新型合作模式，即"政府—NGO—企业"合作模式。此种模式下，应用环境政策工具，促进项目建设中制定环境保护规划，加强生态系统的恢复与重建、保护和更新资源，建立以环境政策包为基础的综合环境管理政策体系，加快我国生态环境保护政策的优化与创新。

5.3 小结

中国海外企业在对外投资中，首先要遵守东道国的环境法律法规，其次是中国和东道国签署的国际公约，如果东道国缺少相关的法律法规则可遵守中国相关的法律法规。五个环境政策工具从不同层面不同阶段促进了环境保护和经济发展间的均衡。项目运作之初，环境影响评价将全面的评估项目运行中的环境效益、社会效益和经济效益，预估潜在的环境和社会问题，提出解决方案；利用社区参与式机制，与受项目建设影响的社区居民，共同协商制订补偿方案；与 NGO 合作，引入“协议保护机制”或“REDD 机制”等方法，加强社区发展和环境保护间的均衡；同时，中国海外企业积极承担企业的社会责任和环境责任，委托专业机构制订“社区发展规划”、“社区生计恢复方案”、“生态修复方案”等。NGO 作为项目参与机构，有其优势存在，一是拥有丰富的社区工作经验；二是丰富的环境保护理论与实践有机结合的经验。政府将主导政策取向，建立相关的环境政策，促进企业与 NGO 的合作。NGO 可作为桥梁，建立起中国政府和东道国政府间法律政策的联系，中国企业与西方非政府组织间的联系，加强中外环境政策的交流，促进中国企业更顺利的在外投资。

第 6 章　促进我国对外投资和援助的环境保护政策建议

为了进一步保证中国对外投资和援助的顺利发展，保证与所在国家及社区长期的资源共用、利益共享，为和平崛起的中国树立积极正面的形象，赢得海外舆论的赞许，国家应把环境保护摆上对外经济合作中的战略位置，把加强环境保护作为促进对外经济合作、转变经济合作思路的重要手段。

因此，国家应尽快制定和出台中国对外投资、对外援助和金融信贷方面的环境行为指南，引导相关的利益方更好地保护环境，使得对外投资和援助按照社会、经济与环境相协调的原则，实现中国对外投资和援助的国际和谐和可持续发展。依据以上各章节对中国对外投资、援助、信贷环境保护问题的分析、对国际经验和惯例的总结，并参考中国国内相关的环保法律法规、兼顾投资接受方、受援国关于环境保护的法律法规，本书编制了《中国对外投资企业环境行为指南》（以下简称《指南》）建议稿（见附录二）。该《指南》规范的对象为中国对外投资和援助中的企业环境行为，为我国企业在对外投资和承担援助项目时解决环境问题提供参考。《指南》包括范围、定义、一般原则、项目建设的环境管理、项目运行的环境管理、对外信贷的环境管理、促进社区共同发展等几部分，鼓励企业采取环境规划、环境影响评价、社区公众参与等环境管理手段，将环境保护理念和可持续发展战略体现在项目全过程之中，实现对外投资获利和当地环境保护“双赢”的效果。

6.1 加强对外投资的环境保护

(1) 提高中国海外企业环保意识和环境管理能力

强化对外投资企业和援助机构的社会责任，鼓励企业采取清洁生产的模式，从源头削减污染，提高资源利用效率，减少或者避免在生产、服务和产品使用过程中污染物的产生和排放，以减轻或者消除对人类健康和环境的危害。

鼓励企业建立和维持适合本企业的环境管理制度，充分、及时地收集并分析有关其活动的环境、健康和安全影响的信息，制定环境状况改善的可度量目标，并定期监督和验证环境、健康与安全目标或具体目标的进展情况。在决策之时，分析并解决企业生存周期内生产过程、产品和服务所连带的可预见环境、健康和安全影响。保持防止、缓解和控制企业运行引起严重的环境与健康破坏，制订事故和突发事件的应急计划。向员工提供适当的环境健康与安全方面的培训。

(2) 密切关注我国对外投资企业的海外环境行为

应更多关注中国企业的海外环境行为。大力弘扬环保理念、促使政府在制定政策和选择项目时更多地考虑环境的因素，努力提高海外企业的环保意识。对于环保工作做得好的单位以及与当地社区关系处理得好的单位，给予宣传、表彰等奖励。发挥NGO对海外企业环境行为的监督、鼓励作用。

(3) 设立绿色经济合作专项资金，通过树立环境示范工程缓解国际压力

在东道国建立环境示范工程或者社区友好工程，能够赢得当地居民的好感和支持，有利于树立中国良好的国际形象。建议在现有机制内，设立绿色专项资金。进一步加强对外投资机构领导人培训，帮助受援国健全环境法制，提高环境意识；鼓励企业共同开展环境合作项目，帮助受援国改善生活环境，降低污染风险；帮助在发展中国家树立绿色援外的示范工程，用实际行动来宣示中国在实施对外投资过程中同样重视保护当地的生态环境，凸显中国负责任的大国形象和构建“和谐世界”的诚意。

(4) 结合境外经贸合作区，进行区域环境管理

随着经济自由化，抱团“走出去”的企业群体特征越来越明显（张世国，2007）。群体可以优势互补，通过营造扎堆效应，提升市场竞争力。同时，这种合作区的成立也有利于管理的集中化、规范化。在推进境外经济贸易合作区建设

和管理的同时，应高度重视合作区的环保问题，以园区为平台进行区域环境管理，发展清洁生产和资源再利用等节约资源、保护环境的措施，为境外经贸的建设和运营创造良好的条件。

6.2 加强对外援助的环境保护

（1）在对外援助的战略层次、政策层次和项目层次全面加强环境管理

尽管中国还是发展中国家，不属于官方发展援助中定义的第一类国家（即发达国家），但是关于官方发展援助的一系列做法还是可以供我国借鉴的。借鉴国外官方发展援助管理思路，建立我国对外援助战略、国别政策和项目清单，将环境保护分别纳入援助战略、国别政策和项目清单中。随着我国综合实力的增强和对外援助的增加，我国也确实需要加强对外援助的管理。要根据我国实际情况，定期（每五年）制定、发布和更新中国对外援助战略，包括战略目标、原则、指导思想和重点领域。要针对不同国家或同一类国家，提出具体的援助政策和重点领域及项目清单。要加强中国对外援助的管理体制和机制，增强对外援助的管理能力。环境保护的理念应体现在我国对外援助战略中。

国家各有关部门应加强对外援助环境保护工作的管理，制定规范对外援助和投资中环境行为的具体指导性政策。在选择对外援助项目应与当地政府的环境保护战略和环境规划相协调。在具体的援助项目实施之前，应对被援国家的民族习惯和生态环境等做到充分的了解，并针对考察的结果修改原定的方案，针对不同国家的不同特点做出相应的调整。

（2）加快对外援助和相关环境保护方面的法制和制度建设

对外援助的法制化就是理性外交决策的重要组成部分。我国应该加快对外援助立法，加强制度建设，实现援外规范管理，使对外援助成为一项有规则有秩序、有目的的工作。目前有很多在对外援助做得很好的国家已经在这方面有了相关的法律，并且在相关实施的过程中取得了很好的成效。我们也应督促相关部门制定相关的法律，使在具体实践过程中有一定的标准。

（3）完善对外援助环保管理体制

目前，我国在一些重大环境的治理方面就存在这种问题，往往只是在特别重大的事情发生的时候才临时组织相关的领导成立一个特别行动组，不了解情况，

并投入大量的人力物力，而且效果往往也只能差强人意。只有设立相关的部门，才能在项目具体实施的过程中，遇到相关的问题才能有专门的人负责，快速地解决问题，对当地环境的影响达到最小，而且在一些事情的沟通上也会达到很好的效果。

（4）逐渐发挥NGO在对外援助中的作用

发挥 NGO 在对外援助的作用，不仅可以提升援助的真实性和效率，还可以促进中国的国际就业与社会成熟发展。更重要的是可以使中国的救援理念及文明关爱影响传播得更广更深，并对政府的外交和国际角色起缓冲和弥补的作用。中国政府应该充分发挥 NGO 在对外援助中的作用。在对外援助中的环保领域，政府也可从信息发布、提供渠道等方面对 NGO 进行统一的引导、组织和管理，引导我国的 NGO 介入到国家对外援助的环境保护问题中。我国的 NGO 也应积极主动地加强国际合作，走向国际化。

（5）加强对外援助和相关环境保护政策的研究

对外援助是中国整体对外政策的组成部分，是中国长期的可持续的和平发展战略的一个组成内容。应该有一系列与之配套的原则、法则和措施，是一个科学决策的过程。环境的保护是近几年来才兴起的话题，实践方面的经验已经很少了，更不用说在理论方面的发展。援助行为如何实现以及在援助的过程中怎样对相关的环境问题有所保护和注意，如何互利与互助并最终达到深层次的经济合作的目的等，都是值得深入探讨和研究的问题。因此，应注重此方面的发展，使我国在对外援助过程中有一定的理论作为指导。

6.3 促进对外信贷的绿色化

（1）环境保护政策应纳入银行信贷决策之中

银行业急需更新观念，转变单一追求利润最大化的经营理念，避免项目融资中的短视行为，注重可持续发展，树立与巩固环保理念，就环境保护问题达成共识，将环境政策纳入到银行信贷决策之中。从国际经验看，全球越来越多的银行、保险等金融机构制定了自己的环境政策，或者采纳有关国际机构制定的环境标准，将环境政策纳入到其融资决策之中，以此来满足利益相关者的需求，促进环境和社会可持续发展。金融机构主动参与环境保护事业、承担环境保护责任成为历史的必然趋势，中国银行业不能避开这一趋势而我行我素，否则，难以在国际项目融资市场获得长久的发展。

（2）应借鉴国际经验，制定适合目前经济发展水平的环境保护政策

目前我国金融机构，特别是银行业尚没有较为完善的环境政策和评价工具，从观念到实践与发达国家的金融机构都有较大差距，发达国家金融机构现有的一些环境保护政策和标准在中国的金融机构中推广尚有难度。因此，应借鉴国际经验，制定适合我国经济发展水平的环境政策。目前联合国系统有很多现成的环境政策标准可用，如赤道原则、国际金融公司的绩效标准等可以直接使用，并根据中国的银行具体情况来制定适合目前经济发展水平的环境保护政策。

（3）积极向公众宣传银行业的环保理念，扩大公众参与力度

银行制定环境政策相对容易，而要很好的执行则面临较多的困难，扩大公众的参与力度可以为银行环境政策的执行提供监督机制，有利于银行将环境保护纳入到其风险管理系统。扩大公众参与也需要银行及时公布其环境政策和做法，将环境保护作为其亮点以此来获得非价格竞争优势。

（4）积极推动银行业制定并执行适合的环境政策

银行作为营利性机构，其自身追求环境保护的动力相对较弱，需要政府发挥一定的推动作用，为银行制定并执行适合的环境政策提供相应的支持，以促进银行业在节能减排、促进可持续发展方面的作用。为此，政府可制定银行融资决策中的环境政策的指导原则，指导和督促银行在融资决策中更好地考虑环境问题。扩大环境保护的宣传，对银行进行环境政策方面的人才培训给予支持。

附录1　关于加强我国对外投资和援助中环境管理工作的指导意见（建议稿）

为贯彻落实我国政府提出的“环保上相互帮助、协力推进，共同呵护人类赖以生存的地球家园”，推动和谐世界建设的有关精神，进一步规范我国对外投资和援助中的环境行为，提升我国政府和企业的国际形象，现就加强我国对外投资和援助环境管理工作提出以下意见：

一、充分认识加强对外投资和援助中环境管理工作的重要意义

我国对外投资自“走出去”战略实施以来，步伐明显加快，规模日益扩大，取得了显著成绩，促进了投资所在国的经济和社会发展。我国对外援助自20世纪50年代初实施以来，在帮助受援国社会经济发展、消除贫困等方面起到了积极作用，发挥了巨大的国际影响。我国参与对外投资和援助的企业积极履行社会责任，在环保方面取得了一定的成就，但是随着“走出去”企业数量的增加、缺乏规范性要求，出现了一些影响当地生态环境的行为，也影响我国“走出去”企业的形象。因此，应把环境管理工作作为对外投资和援助的一项重要任务，以进一步保障我国“走出去”战略的顺利实施，树立良好的社会形象，提高我国“走出去”企业的国际竞争力。

加强对外投资和援助中的环境管理工作是建设和谐世界的必然要求，也是我国建设生态文明与和谐社会的一个重要延伸和组成部分。做好对外投资和援助项目中的环境保护工作，将有利于对外投资和援助所在地生态环境的保护和改善，有利于当地社会、经济与环境的协调发展，有利于全球环境保护事业的发展，从而有利于树立我国负责任的大国形象，也有利于中国对外投资和援助的可持续发展。

二、加强对外投资和援助中环境管理工作的指导原则

以邓小平理论和“三个代表”重要思想为指导，贯彻落实科学发展观，紧密围绕建设和谐世界的目标，坚持以下原则，逐步加强对外投资和援助中的环境管理工作。

——政府推动，政策引导。环境保护部应主动协商有关部门建立我国对外投资和援助中的环境管理制度，配合商务等有关部门完善相关政策和法规体系，通过法律、经济和必要的行政手段，引导参与对外投资和援助的有关单位提高履行环保和社会责任的意识和能力。

——分类管理，部门协调。环境保护部应联合商务部根据不同的项目类别、投资主体、投资地的法律制度、环境和社会敏感性制定不同的管理制度，进行分类管理，具体对待。各部门间积极主动地协调配合，共同推进对外投资和援助中的环境管理工作。

——突出重点，逐步推进。环境保护部将配合商务等部门，以对外投资和援助中规模较大及有重大环境影响的行业和区域为重点，制定并推行相应政策和措施，并逐步推进，最终

形成较为完备和系统的环境管理体系。各级环保部门和相关单位应认真贯彻落实。

——互惠互利，“双赢”发展。相关单位要积极融入投资和援助所在地的经济和社会建设，通过良好的环境管理工作和不断改善的技术能力，带动所在地经济与社会发展和生态保护，也为自身的可持续发展创造良好的外部条件。

三、加强我国对外投资中企业的环境管理工作

（一）环境保护部将配合商务等有关部门制定规范对外投资企业环境行为的相关政策和指南；配合财政、税务等部门提出有利于我国对外投资环境保护的财税政策；将推动相关立法，促进有关规章制度的完善。

地方各级环保部门应积极参与环保部有关工作，将掌握的实际情况及时上报给环保部，并推动有关指南的落实，应加强对本地区对外投资企业的环境管理培训，积极提供有关的信息服务，开展关于我国对外投资中环境保护的宣传和表彰工作，为走出去企业创造良好舆论氛围。

（二）环保部门应积极与银行业及金融机构协调，促进银行在审查境外项目贷款时，积极考虑环保要求，尽量减少信贷的环境风险；建议银行根据项目对环境的影响程度，对项目进行分类管理，实行不同级别的环境审核和监管；推动银行结合自身业务发展，制定自己的环境政策和管理体系，规范环境管理。

（三）有关部门应组织队伍对境外建设项目投入生产或者使用后所产生的环境影响进行督察，避免造成严重环境污染或生态破坏。对于产生环境污染或生态破坏的，视污染和破坏的程度予以不同程度的处罚。

四、加强我国政府对外援助中的环境管理工作

（一）在国际政治中环境外交将发挥越来越重要的作用。环境保护部将积极配合国家对外援助规划和政策的制定，将环境保护和可持续发展的理念贯穿于对外援助战略和规划中，配合有关部门完善相关规章制度。

（二）环境保护部应配合、支持有关部门在对外援助重大项目中设立专门的环境保护项目，用于支持受援国的环境保护事业、传播可持续发展和先进环境管理理念。应配合有关部门，积极与受援国协商，根据受援国的社会经济发展情况和生态环境保护的迫切性，科学客观地确定环保项目占总援助项目的份额并积极推动有关单位贯彻落实。

（三）在对外援助的具体项目中，要保证环境保护的投入。对于新建、扩建或技改项目，应严格执行环保设施与主体工程同时设计、同时施工、同时运行的“三同时”制度。

（四）在选择具体承担对外援助任务的企业时，要把企业有关环保的资质和过往的环境保护绩效作为重要考虑因素。环保部门应积极提供相关信息，促进企业在环境保护方面发挥作用。

（五）环境保护部门应积极配合我国对外援助机构，开展项目后评估中的环境保护评估工作，充分交流有关信息，促进项目的环境管理工作。

附录2　中国对外投资企业环境行为指南（建议稿）

前 言

为维护全球生态环境，促进生态、社会和经济可持续发展，指导中国对外投资、银行信贷与援助中的环境行为，商务部、环境保护部组织制定《中国对外投资企业环境行为指南》（简称《指南》，下同）。《指南》为中国对外投资企业的环境行为与社会责任提供环保规范。

一、《指南》由范围、定义、法律法规框架、生态保护和社区发展以及附录组成。《指南》附录 A 和附录 B 分别列出了相关国际公约和协定名录以及我国签署的相关国际公约与协议名录。附录 C 为《指南》的用词说明。

二、《指南》是一个指导性的文件，为我国企业在对外投资和承担援助项目时解决环境问题提供参考。

三、《指南》将在广泛征求意见的基础上由有关部门发布。

1 范围

第 1 条　本《指南》旨在规范我国对外投资和援助中的企业环境行为，鼓励企业采取环境规划、环境影响评价、社区公众参与等环境管理手段，将环境保护理念和可持续发展战略体现在项目全过程之中，实现对外投资获利和当地环境保护“双赢”的效果。

第 2 条　所有中国对外投资与援助项目实施企业，在从事制造业、采矿业、基础设施建设、批发和零售业（即进出口贸易）、交通运输、仓储业等经济活动时，都应自觉地遵循本《指南》。

第 3 条　《指南》适用于规范和指导中国企业对外投资活动与项目实施的全过程，适用于评估中国对外投资企业的环境行为，也可以作为政府管理对外投资企业与援助项目的参考。

2 定义

第 4 条　对外投资是指企业以现金、实物、无形资产或以购买股票、债券等有价证券方式向中华人民共和国境外进行的投资，以期在未来获得投资收益的经济行为。

第 5 条　对外援助是指一个国家或国家集团对另外一个国家或国家集团提供的无偿或优惠的有偿货物或资金，用以解决受援国所面临的政治、经济困难或问题，或达到援助国家特定目标的一种手段。

第 6 条　绿色信贷指银行在信贷领域和信贷活动中确立环境准入门槛，将环境、生态指标纳入银行经营管理之中，在信贷决策行为中注重环境风险管理、污染治理和对生态的保护。绿色信贷是银行践行可持续发展责任的核心内容。

第 7 条　环境影响评价是指对规划和建设项目实施后可能造成的环境影响进行分析、预测和评估，提出预防或者减轻不良环境影响的对策和措施，进行跟踪监测的方法与制度。

第 8 条　环境规划是指人类为使环境与经济、社会协调发展，对自身活动和环境所做的时间和空间的合理安排。

第 9 条　可持续发展是指既满足当代人的需求，又不对后代人满足其需求的能力构成危害的发展称为可持续发展。

3 一般原则

第 10 条　企业在制定对外投资或对外援助战略与规划时应该体现环境保护的意识和要求。

第 11 条　对外投资企业开展投资和经营活动应遵守我国和所在国所签署的与环境保护、可持续发展等有关的国际公约和协议。

第 12 条　对外投资企业开展投资和经营活动应遵守我国政府主管部门制定的关于企业对外经济技术合作的有关法律、法规、部门规章和相关文件的规定。

第 13 条　对外投资企业开展投资和经营活动应遵守投资所在国与环境保护相关的法律、法规、标准和政策。

第 14 条　若投资所在国相关环境保护法律法规不够完备，在不违犯当地法律法规的前提下，可以以我国环境保护法律法规作为基本要求，或采取国际公认的惯例。

4 项目建设的环境管理

第 15 条　企业应该对新建项目进行环境影响评价。根据建设项目对环境的影响程度，参照项目所在国法律，委托具有合法资质的机构或国际组织进行环境影响评价。

第 16 条　对于企业项目环境影响评价中的标准选择，按照投资所在国法律规定或采用国际通用标准。若没有相关标准的，可将《中华人民共和国环境标准管理办法》作为参考法规。

第 17 条　企业应按照环境影响评价和项目设计的要求，按照与主体工程同时规划、同时建设、同时运行的原则，建设并运行污染治理设施。

第 18 条　对于公路、水利等重大项目建成后进行环境影响后评价。承担后评价的单位可由政府采取公开招标的方式选择。项目的原评价单位不应承担同一项目的环境影响后评价工作。

5 项目运行的环境管理

第 19 条　企业宜在改进生产技术水平的同时，积极采用先进的环境保护技术，不断降低对环境的负面影响。

第 20 条　企业应建立完整的环境污染治理设施运行记录档案，并定期向有关管理部门和所在社区公布。

第 21 条　企业应在其发展框架内，结合当地环境现状，制定可持续的发展目标。实施环境影响评价、协议保护机制、生态补偿、保护激励机制、减少发展中国家由于森林退化与采伐造成的碳排放和履行企业社会责任。

第 22 条 企业管理者及各级员工应充分了解所在国现行的与生态环境保护有关的法律法规、标准和政策的规定，依法按时缴纳环境保护税费；依法开展经营活动，促进当地可持续发展，严禁环境违法和其他未经许可的活动。

第 23 条 企业应建立科学的环境管理制度，包括环境信息的收集、环境目标的制定及环境目标的实施，并向企业员工推广基本环境管理知识。

第 24 条 企业应建立事故和突发事件的应急计划，向员工提供适当的环境健康与安全方面的培训，包括有害物质处理与环境事故预防，并建立向主管部门迅速报告的机制。

第 25 条 企业宜加强与投资所在国环保监管机构的联系与沟通，及与有关国际组织的合作。

第 26 条 企业应及时、充分地向其员工及所在社区公众提供与企业活动有关的环境、健康和安全信息，包括报告环境绩效改善进度。

6 绿色信贷的环境管理

第 27 条 银行应加强对境外投资和援助项目的绿色信贷，严格对拟融资项目的环境审查。根据项目对环境的影响程度，可将项目按以下分类进行管理：

A 类：该类项目对当地环境可能造成严重的负面影响，并且这种影响是不可逆转的或前所未有的，可能表现在多个方面；

B 类：该类项目对当地环境可能造成一定的负面影响，并且是局部性的、数量较少，大部分是可逆的，通过缓解措施容易得到改善；

C 类：该类项目对当地环境影响轻微或者没有负面影响。

对被纳入 A 类和 B 类的项目，在提供贷款之前必须进行环境影响评估，并对环境影响评估进行审查，对审查不合格且不能采取补救措施的项目不予融资。

第 28 条 银行应结合自身业务发展，规范环境管理。鼓励银行参照本指南制定自己的环境政策和管理体系。

第 29 条 银行应建立适当的申诉机制，对有争议或所在地公众提出申诉的项目要积极答复，主动解决。

7 促进社区共同发展

第 30 条 企业应与环境管理部门、所在社区和社会团体充分、及时沟通，交流环境信息，听取有关改进环境保护工作的意见和建议；建立与当地社区的协商机制，鼓励东道国居民参与项目环境保护的决策与计划制定。

第 31 条 企业应尊重东道国社区居民的宗教信仰、文化传统和民族风俗。

第 32 条 企业可通过可能的、恰当的赞助和捐赠支持当地的环保公益事业、慈善事业和社区组织，鼓励社区居民参与环境保护公益行动，鼓励社区居民对企业环境违法、违规行为进行检举，对环保先进社区与居民进行奖励。

第 33 条 企业应保障劳工合法权益，并积极为周边地区居民提供培训、就业和再就业机会。

附件 A 相关国际公约、协定和宣言

A.1 生物多样性公约
A.2 保护臭氧层维也纳公约
A.3 气候变化与生物多样性公约
A.4 联合国气候变化框架公约
A.5 赤道原则
A.6 OECD 跨国企业指南
A.7 国际热带木材协定
A.8 关于特别是作为水禽栖息地的国际重要湿地公约
A.9 里约环发大会宣言
A.10 植物检疫及其虫害与疾病防护合作协定
A.11 国际植物新品种保护公约
A.12 濒危野生动植物物种国际贸易公约
A.13 保护野生动物迁徙物种公约

附件 B 中国已加入的与环境有关的主要国际公约、协定和宣言

B.1 保护臭氧层维也纳公约
B.2 关于消耗臭氧层物质的蒙特利尔议定书
B.3 经修正的关于消耗臭氧层物资的蒙特利尔议定书
B.4 蒙特利尔议定书哥本哈根修正案
B.5 京都议定书
B.6 控制危险物越境转移及其处置的巴塞尔公约
B.7 联合国气候变化框架公约
B.8 生物多样性公约
B.9 联合国防止荒漠化公约
B.10 濒危野生动植物物种国际贸易公约
B.11 关于特别是作为水禽栖息地的国际重要湿地公约
B.12 保护世界文化和自然遗产公约
B.13 保护非物质文化遗产公约
B.14 核事故或辐射紧急情况援助公约
B.15 核安全公约
B.16 关于及早通报核事故公约

B.17 联合实施国际热核聚变实验堆计划建立国际聚变能组织的协定

B.18 乏燃料管理安全和放射性废物管理安全联合公约

B.19 联合国海洋法公约

B.20 防止倾倒废物及其他物资污染海洋公约

B.21 国际油污损害民事责任公约

B.22 第四代核能系统研究和开发国际合作框架协议

B.23 国际干预公海油污事故公约

B.24 干预公海非油类物质污染议定书

B.25 南极条约

B.26 关于环境保护的南极条约议定书

B.27 国际捕鲸管制公约

B.28 养护大西洋金枪鱼国际公约

B.29 国际热带木材协定

B.30 大湄公河次区域电力贸易政府间协议

B.31 关于在国际贸易中对某些化学品和农药采取事先知情同意的鹿特丹公约

B.32 关于持久性有机污染物的斯德哥尔摩公约

B.33 国际植物保护公约

B.34 禁止为军事或任何其他敌对目的使用改变环境的技术的公约

B.35 亚太空间合作组织公约

B.36 职业安全和卫生及工作环境公约

附件 C（规范性附录）　《指南》用词说明

为便于在执行《指南》条文时区别对待，对于要求严格程度不同的用词说明如下：

C.1 表示很严格，非这样做不可的：

正面词采用“必须”；反面词采用“严禁”。

C.2 表示严格，在正常情况下均应这样做的：

正面词采用“应”；反面词采用“不应”或“不得”。

C.3 表示允许稍有选择，在条件许可时首先应这样做的：

正面词采用“宜”或“可”；反面词采用“不宜”。

附录3　中国企业境外可持续森林培育指南

（该指南已于2008年6月由中国林业出版社出版）

前 言

为维护全球生态环境，促进生态、社会和经济的可持续发展，指导中国企业境外进行森林培育活动，国家林业局、商务部组织制定《中国企业境外可持续森林培育指南》（简称《指南》，下同）。《指南》为中国企业境外森林培育活动提供行业规范和自律依据。

《指南》由范围、定义、法律法规框架、营造林、生态保护和社区发展及附录A、附录B8个部分组成。附录A列出了我国签署的具有约束力的相关国际公约与协议。附录B为《指南》的用词说明。

《指南》由中华人民共和国国家林业局植树造林司提出。《指南》由中华人民共和国国家林业局植树造林司归口。

《指南》由中华人民共和国国家林业局造林司、商务部对外经济合作司负责解释。

《指南》起草单位：中华人民共和国国家林业局调查规划设计院、营造林质量稽查办公室。

《指南》主要起草人：李怒云　刘道平　刘德晶　翟洪波　陈嘉文　张　志　闫　平　陈　勇　石　田　桑轶群

《指南》审核专家：蒋有绪　李育材　孙　贺　魏殿生　翟明普　赵中南　李智勇　张艳红　靳　芳　张忠田　韩　峥

《指南》为2007年8月27日首次发布。

中国企业境外可持续森林培育指南

1 范围

1.1 《指南》规定了可持续森林培育应遵循的基本原则，以及中国企业为实现可持续森林培育应达到的基本要求。

1.2 《指南》适用于规范和指导境外进行营造林的中国企业森林培育活动的全过程，适用于评估从事与森林培育的中国企业的活动，也可以用于指导提供非木质林产品及其他服务的中国企业。促进中国企业合理、有效、可持续地保护和发展全球森林资源。

2 定义

2.1 森林培育（Silviculture）

指从林木种子、苗木、造林到林木成林、成熟的整个培育过程中按既定培育目标和客观自然规律所进行的综合培育活动。

2.2 中国企业（Chinese Enterprises）

指具有法人资格的从事森林培育和相关活动的企业。

2.3 高保护价值森林（High Conservation Value Forest）

高保护价值森林是一片需要维持或提高其保护价值的具有以下特征的森林区域：具有全球性、区域性或国家意义的生物多样性价值显著富集的森林区域；具有全球性、区域性或国家意义的大景观水平的森林区域；拥有珍稀、受威胁或濒危生态系统或者包含其中的森林区域；满足当地社区基本需求的重要森林区域；对当地传统社区文化特性有重要意义的森林区域。

2.4 森林监测（Forest Monitoring）

对森林状况、经营活动及其环境和社会影响进行持续不断或定期的测定与评估。

2.5 森林破碎化（Forest Fragmentation）

指任何导致连续的森林覆盖转化为被非林地分割的森林斑块的过程。

2.6 入侵物种（Invasive Species）

指同时具备下列条件的物种：（1）通过有意或无意的人类活动而被引入一个非本源地区域；（2）在当地的自然或人造生态系统中形成了自我再生能力；（3）给当地的生态系统或地理结构造成了明显的损害或影响。

3 法律法规框架

3.1 应遵守我国和所在国签署的相关国际公约和协议。

3.1.1 应遵守我国和所在国所签署的与森林培育有关的国际公约和协议。

应遵守我国和所在国所签署的与森林培育有关的国际公约和协议的有关条款（见附录 A）。

3.2 应遵守我国政府主管部门制定的关于企业对外经济技术合作的有关法律、法规、部门规章和相关文件的规定。

3.3 应遵守所在国相关的法律、法规。

3.3.1 应备有所在国现行的与森林培育活动相关的法律、法规文本。

3.3.2 森林培育活动应符合所在国有关法律、法规的要求。

3.3.3 管理人员和职工应了解有关法律、法规的要求。

3.3.4 应了解所需缴纳的税费，并应依法按时缴纳税费。

3.3.5 应依法采伐，严禁毁林和其他未经许可的活动。

3.3.6 应依法保护林地，严格保护高保护价值森林，严禁非法转变林地用途。

4 营造林

4.1 应制定和执行森林培育方案，确定森林培育的目标和措施。

4.1.1 应根据当地林业主管部门制定的林业长远规划以及当地条件，制定和执行森林培育方案。

4.1.1.1 应具有适时、有效的森林培育方案。

4.1.1.2 应以本单位掌握的最新森林资源清查数据编制森林培育方案。

4.1.1.3 森林培育方案及其附属文件应包括以下内容：

(1) 森林培育活动目标，包括调查资源结构和优化培育模式；

(2) 自然社会经济状况，包括森林特别是高保护价值森林资源、环境限制因素、土地利用及所有权状况、社会经济条件、社会发展与主导需求、森林培育活动沿革，以及邻近土地的概况；

(3) 林业生产的总体布局；

(4) 森林培育体系和营林措施，包括种苗生产、更新造林、抚育间伐、林分改造等；

(5) 森林采伐和更新规划，包括年采伐面积、采伐量、采伐强度、出材量、采伐方式、伐区配置和更新作业等；

(6) 森林和环境保护规划，包括森林有害生物防治、森林防火、水土保持、化学制剂和有毒物质的控制，以及林地占用等；

(7) 野生动植物保护规划，特别是珍稀、受威胁及濒危物种；

(8) 多种经营和林产品加工规划设计；

(9) 重要非木质林产品培育、保护与利用的经营规划和措施；

(10) 基本建设和林道规划；

(11) 森林培育活动效益和风险评估；

(12) 森林生态系统的监测措施；

(13) 与森林培育有关的必要图表；

(14) 应符合所在国其他方面的具体要求。

4.1.1.4 应根据森林培育方案，制定年度作业计划。

4.1.2 应适时修订森林培育方案。

4.1.2.1 应及时了解与本地区森林培育相关的科学技术发展信息以及政策。

4.1.2.2 应根据森林资源的监测结果、新的科技信息和政策，以及环境、社会和经济条件的变化，适时修订森林培育方案。

4.1.3 森林作业与作业设计应保持一致。

4.1.3.1 应按作业设计开展森林培育活动。

4.1.3.2 在保证森林培育更有利于实现经营目标和保证森林生态完整性的前提下，可对作业设计做适当调整。

4.1.3.3 作业设计的调整内容应备案。

4.1.4 应对林业职工进行必要的培训和指导，使他们具备正确实施作业的能力。

4.1.4.1 应具有对职工进行培训和指导的机制。

4.1.4.2 应确保林业职工受到良好培训，了解并掌握作业技术。

4.1.4.3 应具有专业技术人员对职工的野外作业提供必要的技术指导。

4.1.5 应向当地社区或有关方面公告森林培育方案的主要内容。

4.2 应按照可持续发展的原则开展造林、营林生产活动，培育、保护和发展森林资源，开发多种林产品。

4.2.1 森林培育应力争实现稳定的经济效益，确保维持森林生态系统生产力的必要投入。

4.2.1.1 应充分考虑到森林培育成本和管理运行成本的承受能力，在经济上可行。

4.2.1.2 应保证对可持续森林培育的合理投资规模和投资结构。

4.2.2 鼓励开展林区多种经营，可持续利用木材和非木质林产品，如林果、油料、食品、饮料、药材和化工原料等，促进当地经济发展。

4.2.3 对种子苗木的引进、生产及经营应遵守所在国的相应法规，保证种子和苗木的质量。

4.2.3.1 林木种子、苗木的引进、生产及经营应符合所在国家相关法律法规的要求，如《森林法》、《种子法》、《植物检疫法》等。

4.2.3.2 从事林木种苗生产、经营的单位，应按照当地林业行政主管部门的规定生产和经营。

4.2.3.3 在种苗调拨和出圃前，应按所在国有关技术标准进行质量检验，填写种子、苗木质量检验证书。

4.2.3.4 引进林木种子、苗木和其他繁殖材料，应具有所在国相应林业主管部门开具的引进林木种子、苗木和其他繁殖材料的检疫审批单。

4.2.4 应按照经营目标因地制宜选择造林树种，优先考虑当地适生树种，特别是乡土树种，慎用外来树种。造林后应对其生长情况、有害生物和对生态环境产生的影响等进行监测。

4.2.4.1 应根据经营目标和适地适树的原则选择造林树种。

4.2.4.2 应优先选择乡土树种造林。

4.2.4.3 应监测外来物种成活率、保存率、有害生物和环境影响。

4.2.5 应在符合当地立地条件和经营目标的前提下，开展造林设计和作业。

4.2.5.1 造林设计应符合经营目标并规定合理的造林、抚育、疏伐、主伐和更新计划。

4.2.5.2 应严格按照造林设计进行施工作业并进行全过程监控。

4.2.5.3 宜采取下列一种或多种森林培育措施，促进林分结构多样化和加强林分的稳定性：

（1）使用多树种，合理营造混交林；

（2）经营设计避免短期内集中砍伐；

（3）多龄级或分期造林；

（4）合理配置林种比例；

（5）营造防护林带。

4.2.5.4 森林培育活动宜有利于景观和生境多样化。

4.2.5.5 森林培育布局和规划宜有利于维持自然景观的价值和特性。

4.2.5.6 森林培育宜促进同龄林逐步向异龄林和多种生境结构转化。

4.2.6 应依法进行森林采伐和更新，木材和非木质林产品消耗率不得高于再生能力。

4.2.6.1 应依据用材林年消耗量低于年生长量，以及合理经营和可持续利用的原则，制定年采伐计划和年采伐限额，报相应林业主管部门审批。

4.2.6.2 应具有年木材采伐量和采伐地点的记录。

4.2.6.3 对森林进行采伐和更新应符合所在国家有关森林采伐作业规程的要求。

4.2.6.4 对非木质林产品的利用不应超过其可持续利用所允许的水平。

4.2.7 应有利于天然林的保护与更新。

4.2.7.1 应采取有效措施促进恢复和保护天然林。

4.2.7.2 不宜将天然林转化为人工林经营。

4.2.8 应尽量减少对资源的浪费和破坏。

4.2.8.1 应采用对环境影响最小的森林培育活动作业方式，减少对森林资源和环境的破坏。

4.2.8.2 应减少木材采伐和造材过程中的木材浪费和木材降等。

5 生态保护

5.1 生物多样性保护

5.1.1 应制定保护珍稀、受威胁和濒危动植物物种及其栖息地的措施。

5.1.1.1 应确定出森林培育范围内需要保护的珍稀、受威胁和濒危动植物物种及其栖息地，并在图上标注。

5.1.1.2 应根据具体情况，划出一定的保护区域，作为保护珍稀、受威胁和濒危动植物物种的栖息地。若不能明确地划出保护区域，则对每种森林类型应保留足够的面积。对上述区域的划分应考虑到野生动物在森林中的迁徙。

5.1.1.3 应制定被保护区域内的相应保护措施，对职工进行相关培训和教育。

5.1.1.4 必须保护所在国法律、法规和国际公约明令保护物种的栖息环境。

5.1.2 不得开展不适宜的采集活动。

5.1.2.1 采集活动应符合所在国有关野生动植物保护方面的法规。

5.1.2.2 采集活动应采用可持续利用资源的方法，最大限度地减少对当地资源的破坏。

5.1.3 应保护森林培育区域内典型的森林生态系统类型，维持其自然状态。

5.1.3.1 应通过调查，确定森林培育范围内典型的森林生态系统类型。

5.1.3.2 应制定出保护典型生态系统的措施。

5.1.3.3 应实施保护措施，保持典型生态系统的自然状态。

5.1.4 应采取有效措施恢复、保持和提高生物多样性。

5.2 环境影响

5.2.1 应考虑森林培育活动对环境的影响。

5.2.1.1 应根据森林培育的规模、强度及资源特性，对森林培育作业进行环境影响评估。

5.2.1.2 应根据评估的结果调整森林培育作业方式，减少采伐、集材、运输等活动对环境的影响。

5.2.2 应采取各种保护措施，维护林地的自然特性，避免地力衰退，保护水资源。

5.2.2.1 应采取有效措施最大限度地减少整地、造林、采伐、更新和道路建设等人为活动对林地的破坏，维护森林土壤的自然特性及其长期生产能力。

5.2.2.2 减少森林培育作业对水资源质量、数量的不良影响，控制水土流失，避免对森林集水区造成重大破坏。

5.2.2.3 宜在溪河岸边，建立足够宽的缓冲区，保持水土。

5.2.2.4 宜利用有机肥和生物肥料增加土壤肥力，减少化肥使用量。

5.2.3 应严格控制化学制剂的使用，减少因使用化学制剂造成的环境影响。

5.2.3.1 不得使用所在国法律、法规和国际公约明令禁止使用的农药。

5.2.3.2 应提供适当的设备和技术培训，减少使用化学制剂对环境的污染和对人类健康的危害。

5.2.3.3 应采用符合环保要求的方法处理化学制剂的废弃物和容器。

5.2.4 应严格控制和监测外来物种的引进和入侵，避免其造成不良的生态后果。

5.2.4.1 应在经过检疫，确保对环境和生物多样性不造成破坏的条件下引进外来物种。

5.2.4.2 应对外来物种的使用进行记录，监测其生态影响。

5.2.4.3 应制定并执行控制外来有害物种入侵的措施。

5.2.5 应维护森林生态服务功能。

5.2.5.1 应了解并确定森林培育区内森林的生态服务功能，如森林旅游、教育、科研、渔牧资源、水源涵养等。

5.2.5.2 应采取措施维护森林特别是高保护价值森林的相关价值和服务功能。

5.3 森林保护

5.3.1 应制定森林有害生物防治计划，以营林措施为基础，采取有利于环境的生物、化学、物理等措施，进行有害生物综合治理。

5.3.1.1 森林有害生物治理应符合所在国法律、法规的要求。

5.3.1.2 有条件时，应开展有害生物的预测预报，评估森林潜在的有害生物影响，制订相应的防治计划。

5.3.1.3 应采取营林措施为主，生物、化学、物理等防治相结合的有害生物综合治理措施。限制在森林中使用化学农药，避免或减少化学农药对环境的影响。

5.3.1.4 应采取有效措施，保护森林内的各种有益生物，提高森林健康水平。

5.3.2 应建立健全的森林防火制度，制定并实施防火措施。

5.3.2.1 应根据所在国的相关法律、法规，建立森林防火制度。

5.3.2.2 应对森林培育区域划定森林火险等级区。

5.3.2.3 应制定和实施森林火情监测和防火措施。

5.3.2.4 应建设森林防火设施，建立防火组织，负责本企业的森林防火和扑救工作。

5.3.2.5 应进行森林火灾统计，建立火灾档案。

5.4 森林监测

5.4.1 应建立适宜的森林监测制度和森林资源档案，对森林资源进行连续的或定期的监测。

5.4.1.1 应进行森林资源调查，建立森林资源档案制度。

5.4.1.2 应根据本单位的森林培育活动的规模和强度以及所在地区的条件，建立适宜的监测制度和监测程序，确定森林监测的方式、频度和强度。

5.4.1.3 应按监测制度连续或定期开展各项监测活动。

5.4.1.4 应对监测结果进行比较和评估。

5.4.1.5 应在制定或修订森林培育方案和作业计划中体现监测的结果。

5.4.2 森林监测应包括资源现状、森林培育状况及其社会环境影响监测等内容。

5.4.2.1 森林监测应包括以下内容：

（1）主要林产品的储量、产量和资源消耗量；

（2）森林结构、生长、更新及健康状况；

（3）动植物的种类及其变化趋势；

（4）采伐及其他经营活动对环境与社会的影响；

（5）森林培育的成本和效益；

（6）年度作业计划的执行情况。

6 社区发展

6.1 尽可能地为林区及周边地区的居民提供就业、培训及其他社会服务的机会。

6.2 应保障劳工合法权益，鼓励社区居民参与森林培育活动的决策。

6.3 不得侵犯当地居民对林木和其他资源所享有的法定权利。

6.3.1 应采取适当措施，防止森林培育活动直接或间接地威胁和削弱原住民的资源及使用权。

6.3.2 当地居民自愿把资源经营权委托给中国企业时，双方应签订协议或合同。

6.4 应建立与当地社区的协商机制。积极与原住民协商，划定和保护对原住民具有特定文化、生态、经济或宗教意义的林地，尤其是在多民族聚居区。

6.5 应根据需要，在信息保密的前提下，公布森林监测结果概要。

附 录 A

（资料性附录）

相关国际公约、协定和宣言

A.1 生物多样性公约

A.2 保护臭氧层维也纳公约

A.3 气候变化与生物多样性公约

A.4 联合国气候变化框架公约

A.5 国际植物新品种保护公约

A.6 保护野生动物迁徙物种公约

A.7 濒危野生动植物国际贸易公约

A.8 关于特别是作为水禽栖息地的国际重要湿地公约

A.9 国际鸟类保护公约

A.10 植物检疫及其虫害与疾病防护合作协定

A.11 保护候鸟及其栖息环境协定

A.12 国际热带木材协定

A.13 里约环发大会宣言

附 录 B

（规范性附录）

《指南》用词说明

为便于在执行《指南》条文时区别对待，对于要求严格程度不同的用词说明如下：

B.1 表示很严格，非这样做不可的：

正面词采用“必须”；反面词采用“严禁”。

B.2 表示严格，在正常情况下均应这样做的：

正面词采用“应”；反面词采用“不应”或“不得”。

B.3 表示允许稍有选择，在条件许可时首先应这样做的：

正面词采用“宜”或“可”；反面词采用“不宜”。

附录 4　中国企业境外森林可持续经营利用指南

（该指南由国家林业局和商务部编制）

前 言

森林资源日益成为国际社会的焦点，中国作为国际上负责任的发展中大国，致力于全球森林资源保护、恢复和可持续发展。在保护和发展本国森林资源，为减缓全球森林面积减少、恢复森林方面作出重要贡献的同时，积极开展国际合作，与其他国家一起共同促进森林资源可持续发展和互惠互利合作。

为加强引导和规范中国企业境外森林资源经营利用行为，国家林业局、商务部组织制定了《中国企业境外森林可持续经营利用指南》（简称《指南》），为中国企业在境外的森林资源经营利用活动，提供行业经营准则和自律依据。

一、《指南》由目的、基本原则和适用范围、法律规范、森林经营利用、生态保护和社区发展及附录 A 等 7 个部分组成。附录 A 列出中国签署的具有约束力的相关国际公约。

二、《指南》由中华人民共和国国家林业局、商务部提出，国家林业局发展计划与资金管理司、商务部对外投资和经济合作司负责解释。

三、《指南》起草单位：国家林业局林产工业规划设计院林业工程规划设计所；协作单位：世界自然基金会（WWF）、大自然保护协会（TNC）和世界自然保护联盟（IUCN）。

四、《指南》主要起草人：游应天、于宁楼、韩杏容、胡延杰、陈嘉文、陈勇、李婷、黄看看

五、《指南》参与讨论专家：张艳红、陈林、孙贺、刘道平、许传德、鲁德、胡元辉、郭瑜富、李智勇、陆文明、宋维明、翟洪波、薛树田、孙司衡、朱光前、林夏萍、朱长岭、张森林、安延、陈晓倩、孙秀芳、黎佳、金嘉满、王爱民

中国企业境外森林可持续经营利用指南

1 目的

指导中国企业合理开展境外森林经营、利用和保护，为全球森林资源可持续发展发挥积极作用。进一步规范中国企业在境外从事森林资源经营和木材加工利用行为，提高行业自律。促进全球森林资源的合法、可持续经营利用及相关贸易活动。

2 基本原则和适用范围

2.1 基本原则

2.1.1 国家主权原则：中国企业在境外进行森林资源经营利用活动时，应充分尊重所在国森林资源拥有权，严格遵守所在国法律法规和政策。

2.1.2 互利合作原则：中国企业在境外进行森林资源经营利用活动时，应积极促进当地经济和社区发展，在互利互惠的基础上开展合作。

2.1.3 生态、经济、社会效益统一原则：中国企业在境外进行森林资源经营利用活动时，应高度重视森林的生态效益，保证生态、经济、社会三大效益的统一。

2.1.4 政府指导与行业自律相结合原则：中国企业在境外进行森林资源经营利用活动时，应在政府引导和行业规范条件下进行。

2.1.5 森林可持续经营利用原则：中国企业在境外进行森林资源经营利用活动时，应有利于当地的森林可持续发展，维护当地生态和环境安全。

2.1.6 节约资源的原则：中国企业在境外进行森林资源经营利用活动时，应尽量节约使用森林资源、土地资源和能源。

2.2 适用范围

本指南适用于在境外开展森林资源采伐、木材加工利用等有关活动的中国企业。

3 法律规范

3.1 遵守中国和森林资源所在国签署的相关协议/协定和相关国际公约/协定。

遵守中国和所在国签署的各种具有约束力的协议/协定等法律文件，以及中国或森林资源所在国加入的国际公约和协定（见附录A）。

3.2 遵守中国政府主管部门制定的关于中国企业对外投资和经济合作有关的法律、法规、部门规章和相关文件的规定。

3.3 遵守森林资源所在国相关的法律、法规。

3.3.1 遵守所在国有关对外国企业投资、劳务输入、承包工程等经营活动管理的法律、法规和相关文件的规定。

3.3.2 全面了解和熟悉所在国现行与森林资源相关的法律、法规文本，开展森林经营活动行为应符合所在国有关的林业法律法规要求，并承担和履行相应的责任与义务。

3.3.3 提高企业员工法律意识。避免和减少各种违法活动的出现，一旦发现违法行为，应及时采取措施依法纠正，并记录在案。

4 森林资源经营利用

4.1 基本要求

4.1.1 合法经营利用森林资源。参与境外投资有关经营利用森林资源的中国企业，应依法向所在国相关部门提出申请，取得有关部门批准的文件，严格按批准的经营地点、面积、数量、品种和经营内容等要求进行森林资源的经营利用和加工，不得超范围经营。与森林经营利用有关的承包工程、劳务合作、收购经营木材和木材产品等都应符合双边有关法律、法规的要求。

4.1.2 合理经营利用森林资源。充分利用伐区木材，合理造材，提高木材综合利用率。

4.1.3 注重生态环境保护。按所在国相关法律法规的要求，对涉及影响生态环境的作业采取规避或减缓措施，对高保护价值森林，注意采取相应的保护措施。

4.2 森林经营

4.2.1 按规定程序取得所在国批准获得长期使用或租赁林地的中国企业，应按照所在国有关森林资源利用法律法规的要求制定森林经营利用计划，并按规定程序报请所在国国家主管机关或地方政府主管机关核准。

4.2.2 按照企业在所在国的经营活动范围，根据所在国相关规定和要求，采伐后的森林恢复更新请参考《中国企业境外可持续森林培育指南》。

4.2.3 具备应有的森林防火、有害生物防控设施及措施。

4.2.4 森林经营利用计划的实施应符合已批准的森林资源经营利用的有效合法文件的要求。

4.3 木材加工与运输

4.3.1 木材加工利用项目应符合中国与所在国产业政策、相关投资要求和许可规定，且有利于双边互利合作，鼓励企业进行木材的深加工综合利用。

4.3.2 项目应贯彻合理利用森林资源、节约能源、保护资源和环境、实现可持续发展的方针。

4.3.3 木材运输应符合所在国运输和检验、检疫标准及要求，进行相关的文件备案。

4.4 人员培训与技术指导

4.4.1 鼓励企业建立培训制度，对相关员工进行必要的培训和指导。

4.4.2 确保相关员工掌握实施规划、采伐、造材、集运、更新、加工等相关作业技能。

4.4.3 由专业技术人员对野外作业相关人员提供必要的技术指导。

4.5 建立多利益方的公示和咨询制度

4.5.1 向当地社区或有关方面公告森林经营利用的有效合法文件主要内容。

4.5.2 根据当地政府要求建立森林采伐利用伐前公示咨询制度，明确公示的形式、内容、期限等。大面积采伐应在当地进行公示；采伐森林单位（个人）还应在伐区及其附近的交通要道设立公示牌，公示有关部门批准的合法采伐文件的主要内容以及作业期等。

5 生态环境保护

5.1 基本要求

5.1.1 因地制宜，采取科学合理的采伐方式和作业措施，尽量减少森林采伐对生物多样性、野生动植物生境、生态脆弱区、自然景观、森林流域水量与水质、林地土壤生态环境和更新幼苗幼树的影响，保证森林生态系统功能得到快速恢复。

5.1.2 对森林特别是高保护价值森林应采取相应的保护措施。

5.2 环境保护

5.2.1 伐区设计应充分考虑森林采伐作业对地表降水和地下水资源的不良影响，减缓土壤侵蚀，控制水土流失，避免因采伐对森林集水区造成重大破坏。

5.2.2 在采伐、集材、更新和道路建设等作业过程中，采取合理、有效的措施最大限度地减缓人为活动对林地的破坏，防止地表破坏和土壤侵蚀，维护森林土壤的自然特性及其长期生产能力。

5.2.3 采取必要措施减缓采伐作业过程中机械噪声和机械尾气排放引起的空气污染等，及时、妥善处理生产建设废弃物和生活垃圾。

5.2.4 木材加工厂房和场地建设地点及用地应符合所在国有关规定的要求。木材加工项目所产生的固体、液体、气体废弃物和噪声等应达到当地环境保护部门所提出的排放标准和要求。

5.2.5 建立完善的森林防火、有害生物防治制度，制订和实施相关措施。按照所在国有关森林法规对森林防火安全和有害生物防治的要求，建设相应的防火和生物防治设施，并配备相应设备。

5.3 生物多样性保护

5.3.1 保护国际公约和所在国家法律法规明令保护的物种及其栖息环境。

5.3.2 根据所在国相关法律法规要求，确定森林经营利用区域及其周边需要保护的珍稀、受威胁和濒危动植物物种及其栖息地，并在相关图件上明确标注。

5.3.3 制订被保护区域内珍稀、受威胁和濒危动植物物种及其栖息地的相应保护措施，并对职工进行相关培训和教育。

5.3.4 采集野生动植物标本的活动应符合境外有关野生动植物保护方面的法规，并应采用可持续利用资源的采集方法，最大限度地减少对当地资源的破坏。

5.3.5 根据所在国相关法律法规要求，调查确定森林采伐区域及其周边需要保护的典型森林生态系统类型，制订保护典型生态系统的措施，维持其自然状态。

6 社区发展

6.1 尊重当地居民的合法权利

6.1.1 森林资源经营利用从长远上要有利于所在地森林的可持续经营，有利于当地经济的健康发展，实现经营企业与当地居民互利共赢。

6.1.2 进行森林经营利用相关活动时，充分考虑当地居民的利益，采取适当措施，避免森林经营利用活动直接或间接地侵犯、威胁和削弱当地居民的法定资源所有权或使用权。

6.2 促进社区发展

6.2.1 积极参与当地公益事业活动，尽可能为林区及周边地区的居民提供就业、培训与其他社会服务的机会。

6.2.2 鼓励、支持社区居民参与森林开发的重大决策。在森林经营的过程中，根据需要向当地居民公布经营利用内容、进展和经营活动情况，宣传企业，树立良好形象，提高信誉。

6.2.3 尊重当地群众的风俗习惯，建立与当地社区的协商机制，与当地居民友好相处。

6.2.4 积极与当地居民协商，划定和保护对当地居民具有特定文化、生态、经济或宗教意义的林地。

7 附录 A

相关国际公约、协定和宣言：

A.1 生物多样性公约

A.2 保护臭氧层维也纳公约

A.3 气候变化与生物多样性公约

A.4 联合国气候变化框架公约

A.5 国际植物新品种保护公约

A.6 保护野生动物迁徙物种公约

A.7 濒危野生动植物国际贸易公约

A.8 关于特别是作为水禽栖息地国际重要湿地公约

A.9 国际鸟类保护公约

A.10 植物检疫及其虫害与疾病防护合作协定

A.11 国际热带木材协定

A.12 里约环发大会宣言

A.13 保护候鸟及其栖息环境协定

附录5　国际环境公约（包括协定）列表

目前共收集、整理了国际环境条约（宣言、协定）113 个，其中包括中国加入的 51 个。如下表所示（依照签订日期排序）。

重要国际环境条约（宣言、协定）一览表*

序号	名 称	签订日期	生效日期	中国签署、加入（或批准）日期
1	保护非洲野生动物、候鸟和鱼类公约 Convention for preservation of wild animal，birds and fish in Africa	1900		
2	保护农业益鸟公约 Convention to Protect Birds Useful to Agriculture	1902.3.19	1907.5.11	
3	有关公平分配格兰德河水用于灌溉的公约 Convention concerning the equitable distribution of the waters of Rio Grande river for irrigation	1906.5.21	1907.1.16	
4	美加边境水资源及边境问题条约 Treaty between US and Canada relating to boundary waters and questions arising along the US and Canada	1909.1.11	1910.5.5	
5	保存和保护海豹公约 Convention for the preservation and protection of fur seals	美、英、俄、日 1991.7.7	已经失效	
6	保护候鸟公约 Convention for the protection of migratory birds	1916.8.16		
7	关于保护自然条件下动植物的伦敦公约 London Convention relative to the preservation of fauna and flora in their natural state	1933.11.8		
8	保护西半球动植物和自然美景的华盛顿公约 Convention for the protection of flora，fauna and natural scenic beauty of the Western Hemisphere of the Washington	1940.10.12	1942.5.1	
9	国际捕鲸管制公约 International Convention for the Regulation of Whaling	1946.12.02	1948.11.10	1980.09.24 加入并生效

* 参照王劲《环境法学》，北京：北京大学出版社，2006，701-713；蔡守秋 主编《环境资源法教程》，北京：高等教育出版社，2004，458-461；外交部网站 http：//www.mfa.gov.cn/chn/wjb/zzjg/tyfls/tfsckzlk/zgcjddbty/t70814.htm，商务部网站 http：//tfs.mofcom.gov.cn/h/h.html；最后网站访问日期：2009-05-05.

序号	名 称	签订日期	生效日期	中国签署、加入（或批准）日期
10	世界气象组织公约 Convention of the World Meteorological Organization	1947.10.11 华盛顿 美国政府	1950.3.23	1973.4.27 交存批准书 对公约第二十九条持有保留 1973.5.27 对中国生效
11	保护鸟类巴黎国际公约 Paris international convention for the protection of birds	1950.10.18	1963.1.17	
12	国际植物保护公约 International plant protection convention	1951.12.6	1952.4.3	
13	北太平洋公海渔业国际公约 International convention for the high seas fisheries of the North Pacific ocean	1952.5.9	1953.1.12	
14	国际防止海上油污公约 International Convention for the prevention of pollution of the sea by oil	1954.5.12	1958.7.26	
15	关于发生武装冲突时保护文化财产的公约及其议定书 The Hague Convention for the Protection of Culture Property in the Event of Armed Conflict , and its protocol	1954.5.14	1956.8.7	1999.10.30 批准，2000.1.5 交存加入书
16	保护北太平洋海豹临时公约 Interim Convention of the conservation of the on the North Pacific fur seals	1957.2.9	1957.10	
17	大陆架公约 Convention on the continental shelf	1958.4.29	1964.6.10	
18	公海公约 Convention on the high seas Pacific ocean	1958.4.29	1962.9.30	
19	领海和毗邻区公约 Convention on the territorial sea and contiguous zone	1958.4.29	1964.9.10	
20	公海捕鱼及生物资源养护公约 Convention on fishing and the conservation of the living resources of the high seas	1958.4.29	1966.3.20	
21	南极条约 Antarctic Treaty	1959.12.1	1962.6.23	1983.6.8 生效
22	核能领域中第三方责任巴黎公约 Paris Convention on the third party liability in the field of nuclear Energy	1960.7.29	1968.4.1	
23	补充巴黎公约的布鲁塞尔公约 Brussels convention supplementary to the Paris Convention	1963.1.31	1968.4.1	

序号	名 称	签订日期	生效日期	中国签署、加入（或批准）日期
24	保护莱茵河免受污染国际委员会公约 Berne Convention on the International Commission for protection of the Rhine against pollution	1963.4.29	1965.5.1	
25	关于核损害民事责任的维也纳公约 Vienna Convention on civil liability for nuclear damage	1963.5.21	1977.11.12	
26	禁止在大气层、外层空间和水下进行核试验条约 Treaty banning nuclear weapon tests in the atmosphere, in outer space and under water	1963.8.5	1963.10.10	
27	国际海洋勘探理事会公约 Convention for the international council for the exploration of the sea	1964.9.12	1968.7.22	
28	南极动植物保护协议措施 Agreed Measures for the conservation of Antarctic fauna and flora	1964.6.2	1998.1.14	
29	养护大西洋金枪鱼国际公约 International Convention for the Conservation of Atlantic Tunas	1966.5.14	1969.3.21	1996.6.15 批准； 1996.10.2 生效
30	关于各国探索和利用包括月和其他天体在内外层空间活动的原则条约 Treaty on Principles Concerning the Activities of States in the Exploration and Use of Outer Space Including the Moon and other Celestial Bodies	1967.1.27 伦敦-华盛顿-莫斯科 英国、美国、俄罗斯（前苏联）政府	1967.10.10	1984.1.12 交存加入书
31	保护自然和自然资源的非洲公约 African Convention on the Conservation of Nature and Natural Resources	1968.9.15	1969.6.16	
32	合作处理石油及其他有害物质污染北海的波恩协定 Bonn Agreement for Co-operation in dealing with pollution of the North Sea by oil and other harmful substances	1969.6.9		
33	1969 年国际干预公海油污事故公约 International Convention Relating to intervention on the High Seas in Case of Oil Pollution	1969.11.29 布鲁塞尔 国际海事组织秘书长	1975.5.6	1990.2.23 交存加入书 1990.5.24 对中国生效
34	国际油污损害民事责任公约 International Convention on Civil Liability for Oil Pollution Damage	1969.11.29 布鲁塞尔 国际海事组织秘书长	1975.6.19	1980.1.30 交存接受书 1980.4.30 对中国生效

序号	名 称	签订日期	生效日期	中国签署、加入（或批准）日期
35	比利时、荷兰及卢森堡捕猎和保护鸟类公约 Benelux Convention on hunting and protection of birds	1970.6.19		
36	关于特别是作为水禽栖息地的国际重要湿地公约 Convention on Wetlands of International Importance Especially as Waterfowl Habitat	1971.2.2 巴黎 联合国教科文组织总干事	1975.12.21	1992.3.31 交存加入书 1992.7.31 对中国生效
37	建立国际赔偿油污损害基金的公约 International Convention on the establishment of international fund for compensation for oil pollution damage	1971.12.18	1978.10.16	
38	南极海豹养护公约 Convention for the conservation of antarctic seals	1972.2.11	1978.3.11	
39	防止船舶和飞机倾倒废物污染海洋公约 Convention for the prevention of marine pollution by dumping from ships and aircraft	1972.2.15		
40	联合国人类环境会议斯德哥尔摩宣言 Stockholm declaration of the United Nations Conference on the Human Environment	1972.6.16		
41	保护世界文化和自然遗产公约 Convention Concerning the Protection of the World Cultural Heritage	1972.11.23	1975.12.17	1985.12.12 批准 1986.03.12 生效
42	防止倾倒废物和其他物质污染海洋的公约（伦敦倾废公约） Convention on the Prevention of Marine Pollution By Dumping of Wastes and other Matters	1972.12.29 伦敦、华盛顿、莫斯科、墨西哥城 国际海事组织秘书长	1975.8.30	1985.11.14 交存加入书
43	濒危野生动植物种国际贸易公约 Convention on International Trade in Endangered Species of Wild Fauna and Flora	1973.3.3 华盛顿 瑞士政府	1975.7.1	1981.1.8 交存加入书 1981.4.8 对中国生效
44	国际防止船舶污染公约 International Convention for Prevention of Pollution from Ships	1973.11.2	1983.10.2	
45	1973 年干预公海非油类物质污染议定书 Protocol Relating to Intervention on the High Seas in Case of Marine Pollution By Substances other than Oil	1973.11.2 伦敦 国际海事组织秘书长	1983.3.30	1990.2.23 交存加入书 1990.5.24 对中国生效

序号	名 称	签订日期	生效日期	中国签署、加入（或批准）日期
46	保护丹麦、芬兰、挪威及瑞典之间的环境公约 Convention on the protection of the environmental among Denmark，Finland，Norway and Sweden	1974.2.9	1976.10.5	
47	防止陆源海洋污染公约 Convention for the prevention of marine pollution from land-based sources	1974.6.4	1978.5.6	
48	南太平洋自然保护公约 Convention on Conservation of in the Nature South Pacific	1976.6.12	1990.6.26	
49	1969年国际油污损害民事责任公约的议定书 Protocol to the International Convention on Civil Liability for Oil Pollution Damage	1976.11.19 伦敦 国际海事组织秘书长	1981.4.8	1986.9.29交存加入书
50	禁止为军事或任何其他敌对目的使用改变环境的技术的公约 Convention on the Prohibition of Military or Any Other Hostile Use；of Environmental Modification Techniques	1976.12.10	1977.05.18	2005.04.27批准；2005.06.08交存批准书
51	关于海底矿产资源勘探和开发造成石油污染损害的民事责任和伦敦公约 London Convention on civil liability for oil pollution damage result from exploration and exploitation of seabed mineral resources	1977.5.1		
52	1973年国际防止船舶造成污染公约1978年议定书 Protocol of 1978 Relating to the 1973 International Convention for the Prevention of Pollution From Ships	1978.2.17 伦敦 国际海事组织秘书长	1983.10.2	1983.7.1交存加入书 1983.10.2对中国生效
53	1973年国际防止船舶造成污染公约及其1978年议定书附则Ⅰ修正案 Amendment to 1973 International Convention for Prevention of Pollution From Ships and Appendix Ⅰ（MARPOL73/78）	1973.11.2/ 1978.2.17 伦敦 国际海事组织秘书长	1984.9.7	1986.1.7默认接受 1986.1.7对中国生效
54	国际植物新品种保护公约（1978年文本） 1978 Act of the International Convention for the Protection of New Varieties of Plants	1978.10.23 日内瓦 国际植物新品种保护联盟秘书长	1981.11.8	1999.3.23交存加入书 1999.4.23对中国生效
55	保护野生动物迁徙物种公约 Convention on the conservation of migratory species of wild animals	1979.6.23	1983.11.1	

序号	名称	签订日期	生效日期	中国签署、加入（或批准）日期
56	保护欧洲野生生物及其自然栖息地公约 Convention on the conservation of European wildlife and natural habitats	1979.9.19	1982.6.1	
57	长程越境大气污染公约 Convention on long-range Trans-boundary air pollution	1979.11.13	1983.3.16	
58	南极海洋生物资源保护公约 Convention on conservation of Antarctic marine living resources	1980.5.20	1982.4.7	
59	核材料实体保护公约 Convention on physical protection of nuclear material	1980.3.3	1987.2.8	1988.12.2 加入
60	北大西洋鲑鱼养护公约 Convention for the conservation of Salmon in the north Atlantic ocean	1982.3.2	1986.10.10	
61	联合国海洋法公约 United Nations Convention on the Law of the Sea	1982.12.10 蒙特哥湾 联合国秘书长	1994.11.16	1982.12.10 签署 1996.6.7 交存批准书 1996.7.7 对中国生效
62	世界自然宪章 World charter of nature	1982.10.28		
63	保护和发展大加勒比区域海洋环境公约 Convention for the protection and Development of the Marine Environment of the wider Caribbean region	1983.3.24	1986.10.11	
64	1983 年国际热带木材协定 1983 International Tropic Timber Agreement	1983.11.18	1985.04.01	1986.07.02 生效
65	维也纳保护臭氧层公约 Vienna Convention for the Protection of the Ozone Layer	1985.3.22 维也纳 联合国秘书长	1988.9.22	1989.9.11 交存加入书 1989.12.10 对中国生效
66	关于削减硫氧化物排放至少 30%的议定书 Protocol on the reduction of sulfur oxide emissions or their trans-boundary fluxes by at least 30%	1985.7.8	1987.9.2	
67	核事故或辐射紧急情况援助公约 Convention on Assistance in the Case of a Nuclear Accident or Radiological Emergency	1986.09.26	1986.10.27	1987.10.14 生效
68	关于及早通报核事故公约 Convention on Early Notification of a Nuclear Accident	1986.09.26	1986.10.27	1988.12.29 生效
69	保护南太平洋地区自然资源与环境公约 Conventions for the protect natural resources and environment of the south Pacific region	1986.11.25	1990.8.22	

序号	名 称	签订日期	生效日期	中国签署、加入（或批准）日期
70	关于消耗臭氧层物质的蒙特利尔议定书 Montreal Protocol on Substances that Deplete the Ozone Layer	1987.9.16 蒙特利尔 联合国秘书长	1989.1.1	1988.6.14 签署 1990.3.26 交存核准书
71	南极矿产资源活动管理公约 Convention on the regulation of Antarctic mineral resource activities	1988.6.2		
72	关于削减氮氧化物排放的议定书 Protocol concerning the control of nitrogen oxides or their trans-boundary fluxes	1988.10.31	1991.2.14	
73	控制危险废物越境转移及其处置的巴塞尔公约 Basel Convention on the Control of Transboundary Movements of Hazardous Wastes and Their Disposal	1989.12.27 巴塞尔 联合国秘书长	1992.5.5	1990.3.22 签署 1991.12.17 交存批准书 1992.5.5 对中国生效
74	南太平洋禁止流网渔业公约 Convention for the Prohibition of fishing with long drift-nets in the South Pacific	1989.11.23	1991.5.17	
75	关于消耗臭氧层物质的蒙特利尔议定书修正案（伦敦修正案） Amendment to the Montreal Protocol on Substances that Deplete the Ozone Layer	1990.6.29 伦敦 联合国秘书长	1992.8.10	1991.6.14 交存加入书 1992.8.20 对中国生效
76	1990 年国际油污防备、反应和合作公约 International Convention on Oil Pollution Preparedness, Response and Cooperation，1990	1990.11.30 伦敦 国际海事组织秘书长	1995.5.13	1998.3.30 交存加入书 1998.6.30 对中国生效
77	跨境背景下的环境影响评价公约 Convention on environmental impact assessment in a trans-boundary context	1991.2.25	1997.6.27	
78	关于环境保护的南极条约议定书 Protocol on Environmental Protection to the Antarctic Treaty	1991.06.23	1998.1.14	1991.10.04 签署
79	保护阿尔卑斯山脉公约 Convention on the Protection of the Alps	1991.11.7	1995.3.6	
80	关于削减挥发性有机化合物排放的议定书 Protocol concerning the control of emissions of volatile organic compounds or trans-boundary fluxes	1991.11.18	1997.9.29	
81	北太平洋溯河性鱼种公约 Convention for the conservation of Anadromous in the North Pacific ocean	1992.2.11	1993.2.16	

序号	名 称	签订日期	生效日期	中国签署、加入（或批准）日期
82	联合国气候变化框架公约 United Nations Framework Convention on Climate Change	1992.5.22 纽约 联合国秘书长	1994.3.21	1992.6.11 签署 1993.1.5 交存批准书
83	生物多样性公约 Convention on Biological Diversity	1992.6.5 里约热内卢 联合国秘书长	1993.12.29	1992.6.11 签署 1993.1.5 交存批准书
84	关于森林问题的原则声明 Non-legally binding authoritative statement of principles for a global consensus on the management，Conservation and sustainable development of all types of Forests	1992.6.13		
85	里约环境与发展宣言 Rio declaration on environment and development	1992.6.13		
86	21 世纪议程 Agenda 21	1992.6.13		
87	关于消耗臭氧层物质的蒙特利尔议定书修正案（哥本哈根修正案） Amendment to the Montreal Protocol on Substances that Deplete the Ozone Layer	1992.11.25 哥本哈根 联合国秘书长	1994.6.14	2003.4.22 交存核准书
88	修正 1969 年国际油污损害民事责任公约的 1992 年议定书 Protocol of 1992 to Amend the International Convention on Civil Liability for Oil Pollution Damage，1969	1992.11.27 伦敦 国际海事组织秘书长	1996.5.30	1999.1.5 交存加入书 2000.1.5 对中国生效
89	修正 1971 年设立国际油污损害赔偿基金国际公约的 1992 年议定书 Protocol of 1992 to Amend the International Convention on the Establishment of an International Fund for Compensation for Oil Pollution Damage，1971	1992.11.27 伦敦 国际海事组织秘书长	1996.5.30	1999.1.5 交存加入书 2000.1.5 对中国生效（仅适用于香港特区）
90	北美自由贸易协定 North American free trade agreement	1992.12.17	1994.1.1	
91	北美环境合作协定 North American agreement on environmental cooperation	1993.9.14	1994.1.1	
92	建立印度洋金枪鱼委员会协定 Agreement for the Establishment of the Indian Ocean Tuna Commission	1993.11.25 罗马粮农组织总干事	1996.3.27	1998.10.14 交存接受书 1998.10.14 对中国生效
93	1994 年国际热带木材协定 1994 International Tropic Timber Agreement	1994.01.26	1997.1.1	1996.06.19 国务院批准 1997.1.1 生效
94	马拉喀什建立世界贸易组织协定 Marrakesh agreement establishing the world trade organization	1994.4.15	1995.1.1	

序号	名 称	签订日期	生效日期	中国签署、加入（或批准）日期
95	关于进一步削减硫化物的议定书 Protocol on further reduction of the sulfur emissions	1994.6.14	1998.8.5	
96	联合国关于在发生严重干旱和/或荒漠化的国家特别是在非洲防止荒漠化的公约 United Nations Convention to Combat Desertification in those Countries Experiencing Serious Drought and /or Desertification，Particularly in Africa	1994.10.14 巴黎 联合国秘书长	1996.9.27	1997.2.18 交存批准书 1997.5.19 对中国生效
97	核安全公约 Convention on Nuclear Safety	1994.06.17	1996.10.24	1994.09.21 签署 1996.07.09 生效
98	湄公河流域可持续发展合作协定 Agreement on cooperation for the sustainable development of the Mekong river basin	1995.4.5		
99	国际植物保护公约（1997 年修订本） International Plant Protection Convention	1997.11	2005.10.02	2005.09.22 加入
100	《气候变化公约》京都议定书 The Kyoto Protocol to the Convention on Climate Change	1997.12.11 京都 联合国秘书长	2005.2.16	1998.5.29 签署 2002.8.30 递交核准书
101	关于在国际贸易中对某些危险化学品和农药采用事先知情同意程序的鹿特丹公约 Rotterdam Convention on the Prior Informed Consent Procedure for Certain Hazardous Chemicals and Pesticides in International Trade	1998.9.10 鹿特丹 联合国秘书长	2004.2.24	2004.12.29 人大常委会批准
102	养护和管理高洄游鱼类种群公约 Convention on the Conservation and Management of Highly Migratory Fish Stocks in the Western and Central Pacific Ocean	2000.9.5 美国檀香山 新西兰政府	2004.6.19	2004.7.9 核准，暂不适用于中国香港 2004.11.2 交存核准书 2004.12.2 对中国生效
103	《生物多样性公约》卡塔赫纳生物安全议定书 Cartagena Protocol on Biosafety to the Convention on Biological Diversity	2000.1.29 蒙特利尔 联合国秘书长	2003.9.11	2000.8.8 签署 2005.6.8 交存核准书
104	关于持久性有机污染物的斯德哥尔摩公约 Stockholm Convention on Persistent Organic Pollutants	2001.5.22 斯德哥尔摩 联合国秘书长	2004.5.17	2001.5.23 签署 2004.6.25 十届人大常委会第十次会议批准 2004.8.13 交存批准书
105	水下遗产保护公约 Convention on the protection of underwater cultural heritage	2001.11.2		

序号	名 称	签订日期	生效日期	中国签署、加入（或批准）日期
106	粮食和农业植物遗传资源国际公约 International treaty on Plant Genetic Resources for the Covenant for Food and Agriculture	2001.11.3	2004.6.29	
107	大湄公河次区域电力贸易政府间协议 Inter-Governmental Agreement on Regional Power Trade in the Greater Mekong Sub-Region	2002.11.3		2002.11.3 签署
108	保护非物质文化遗产公约 Convention on the Safeguarding of Intangible Cultural Heritage	2003.11.3		2004.0.28 批准 2004.12.2 交存批准书
109	第四代核能系统研究和开发国际合作框架协议 Framework Agreement for International Collaboration on Research and Development of Generation IV Nuclear Energy Systems	2005.2.28	2005.2.28	2007.11.24 加入 2008.3.11 生效
110	亚太空间合作组织公约 Convention of the Asia-Pacific Space Cooperation Organization	2005.10.28	2006.10.12	2006.6.29 批准 2006.10.12 生效
111	经 1978 年议定书修订的《1973 年国际防止船舶造成污染公约》附则Ⅰ、Ⅱ、Ⅳ的修正案 Amendments to the Annex of the Protocol of 1978 relating to the International Convention for the Prevention of Pollution from Ships, 1973（Revised Annex Ⅰ、Ⅱ、Ⅳ of MARPOL 73/78）	2006.3.24	2007.8.1	2007.8.1 生效
112	1987 年亚洲太平洋地区核科学技术研究、发展和培训地区合作协定的第四次延长协定 Fourth Agreement to Extend the 1987 Regional Co-operative Agreement for Research, Development and Training Related to Nuclear Science and Technology	2006.6.22.	2007.6.12.	2006.9.6 接受 2007.10.30 生效
113	联合实施国际热核聚变实验堆计划建立国际聚变能组织的协定 Agreement on the Establishment of the ITER International Fusion Energy Organization for the Joint Implementation of the ITER Project	2006.11.21	2007.10.24	2007.8.30 批准 2007.10.24 对中国生效

* 参照汪劲《环境法学》，北京：北京大学出版社，2006，701-713；蔡守秋 主编《环境资源法教程》，北京：高等教育出版社，2004，458-461；外交部网站 http：//www.mfa.gov.cn/chn/wjb/zzjg/tyfls/tfsckzlk/zgcjddbty/t70814.htm，商务部网站 http：//tfs.mofcom.gov.cn/h/h.html；最后网站访问日期：2009-05-05.

附录 6　2006—2008 年区域和经济体 FDI 流量表

区域/经济体	FDI 流入量			FDI 流出量		
	2006	2007	2008	2006	2007	2008
全球	1 461 074	1 978 838	1 697 353	1 396 916	2 146 522	1 857 734
发达经济体	972 762	1 358 628	962 259	1 157 910	1 809 531	1 506 528
欧洲	631 724	899 627	518 339	799 581	1 270 523	944 460
欧盟	590 305	842 311	503 453	697 193	1 192 141	837 033
奥地利	7 933	29 586	13 551	13 670	33 380	28 214
比利时	58 893	110 773	59 680	50 685	93 901	68 278
保加利亚	7 667	11 716	9 205	175	274	733
塞浦路斯	1 864	2 181	2 167	902	1 206	1 474
捷克共和国	5 459	10 437	10 731	1 467	1 619	1 900
丹麦	8 268	9 408	10 921	13 991	17 617	28 868
爱沙尼亚	1 788	2 736	1 969	1 112	1 737	1 089
芬兰	7 652	12 351	－4 199	4 805	7 655	1 629
法国	78 154	157 973	117 510	121 371	224 652	220 046
德国	57 147	56 407	24 939	127 223	179 547	156 457
希腊	5 364	1 918	5 093	4 167	5 338	2 651
匈牙利	7 532	6 088	6 514	3 874	3 737	1 661
爱尔兰	－5 542	24 707	－20 030	15 324	21 146	13 501
意大利	39 239	40 202	17 032	42 068	90 775	43 839
拉脱维亚	1 664	2 247	1 426	173	335	231
立陶宛	1 840	2 017	1 815	290	608	356
卢森堡	28 482	－31 692	3 012	3 425	57 994	－24 936
马耳他	1 872	952	879	30	31	278
荷兰	7 450	118 376	－3 492	65 175	28 544	57 571
波兰	19 591	22 612	16 533	8 875	4 748	3 582
葡萄牙	10 902	3 055	3 532	7 139	5 490	2 106
罗马尼亚	11 367	9 923	13 305	423	278	－272
斯洛伐克	4 693	3 265	3 414	511	384	258
斯洛文尼亚	644	1 438	1 815	862	1 805	1 440
西班牙	36 949	28 179	65 539	99 646	96 062	77 317
瑞典	27 247	22 070	43 655	23 540	37 797	37 351
英国	156 186	183 386	96 939	86 271	275 482	111 411
其他发达欧洲国家	41 420	57 316	14 886	102 388	78 382	107 427
直布罗陀	137[a]	165[a]	159[a]	—	—	—
冰岛	4 029	3 473	-2 592	5 241	13 141	－6 981

区域/经济体	FDI 流入量			FDI 流出量		
	2006	2007	2008	2006	2007	2008
挪威	6 415	4 433	−95	21 326	15 580	28 113
瑞士	30 839	49 245	17 415	75 821	49 661	86 295
北美洲	296 897	379 590	360 824	268 621	437 999	389 463
加拿大	59 761	108 414	44 712	44 401	59 637	77 667
美国	237 136	271 176	316 112	224 220	378 362	311 796
其他发达经济体	44 140	79 410	83 095	89 708	101 009	172 605
澳大利亚	27 864	44 330	46 774	23 418	16 806	35 938
百慕大群岛	261	1 016	278	579	439	693
以色列	14 763	9 020	9 639	14 944	6 981	7 854
日本	−6 506	22 549	24 426	50 266	73 549	128 020
新西兰	7 758	2 494	1 979	501	3 234	100
发展中经济体	433 764	529 344	620 733	215 282	285 486	292 710
非洲	57 058	69 170	87 647	7 171	10 614	9 309
北非	23 155	24 786	24 001	134	5 545	8 635
阿尔及利亚	1 795	1 662	2 646	35	295	318
埃及	10 043	11 578	9 495	148	665	1 920
利比亚	2 013	4 689	4 111	−534	3 933	5 888
摩洛哥	2 450	2 803	2 388	445	621	369
苏丹	3 541	2 436	2 601	7	11	98
北非共和国	3 312	1 618	2 761	33	20	42
其他非洲地区	33 903	44 384	63 647	7 036	5 069	674
西非	16 095	15 934	25 969	547	868	1 393
贝宁	53	255	120[a]	-2	-6	−3[a]
布基纳法索	34	344	137a[a]	1	—	—[a]
佛得角	131	190	209	—	-	2
科特迪瓦	319	427	353[a]	−27[a]	—[a]	8[a]
冈比亚	71	76	63	—	—	—
加纳	636	855	2 120	—	—	4
几内亚	125	386	1 350[a]	—	—	694[a]
几内亚比绍	18	19	15[a]	—	—	—[a]
利比里亚	108	132	144	346[a]	363[a]	382[a]
马里	83	73	127[a]	1	7	3[a]
毛里塔尼亚	155	153	103[a]	5[a]	4[a]	4[a]
尼日尔	51	129	147[a]	−1	8	1[a]
尼日利亚	13 956	12 454	20 279[a]	228	468	299[a]
圣赫勒拿	—[a]	—[a]	—	—	—	—
塞内加尔	220	297	706[a]	10	25	9[a]
塞拉利昂	59	94	30[a]	—	—	—
多哥	77	49	68[a]	−14	−1	−10[a]

区域/经济体	FDI 流入量			FDI 流出量		
	2006	2007	2008	2006	2007	2008
中非	4 788	5 694	6 282	123	72	119
布隆迪	—	1	1[a]	—	—	—
喀麦隆	309	284	260	−1	−2	2[a]
中非共和国	35	57	121	—	—	—
乍得	656	718	834	—	—	—
刚果	1 919	1 816	2 622[a]	—	—	—
刚果民主共和国	−108[a]	720[a]	1 000[a]	—	—	—
赤道几内亚	1 656	1 726	1 290	—	—	—
加蓬	268	269	20	106[a]	59[a]	96[a]
卢旺达	16	67	103	14	13	14[a]
圣多美和普林西比	38	35	33[a]	3	3	7[a]
东非	2 643	4 028	4 272	63	108	114
科摩罗	1	8[a]	8[a]	—	—	—
吉布提	164	195	234	—	—	—
厄立特里亚国	—[a]	—[a]	—[a]	—	—	—
埃塞俄比亚	545	222	93[a]	—	—	—
肯尼亚	51	728	96	24	36	44
马达加斯加	294	777	1 477	—	—	—
毛里求斯	105	339	383	10	58	52
马约特岛	—[a]	—	—	—	—	—
塞舌尔	146	238	364	8	9	10
索马里	96[a]	141[a]	87[a]	—	—	—
乌干达	644	733	787	—	—	—
坦桑尼亚	597	647	744	20[a]	5[a]	8[a]
南非	10 377	18 729	27 123	6 303	4 021	−952
安哥拉	9 064	9 796	15 548	194	912	2 570
博茨瓦纳	486	495	−4	50	51	3
莱索托	92	106	199	—	—	—
马拉维	30	55	37[a]	1	1	1[a]
莫桑比克	154	427	587	—	—	—
纳米比亚	387	733	746	-12	3	5
南非	−527	5 687	9 009	6 067	2 962	−3 533
斯威士兰	36	37	10	2	3	−5
赞比亚	616	1 324	939	—	86	—
津巴布韦	40	69	52	—	3	8
拉丁美洲和加勒比地区	93 303	127 491	144 377	63 619	51 741	63 207
中南美洲	69 014	105 996	121 418	45 101	26 266	37 255
南美洲	43 833	71 323	91 742	37 000	14 907	34 366
阿根廷	5 537	6 473	8 853	2 439	1 504	1 351

区域/经济体	FDI 流入量			FDI 流出量		
	2006	2007	2008	2006	2007	2008
玻利维亚	281	366	513	—	7	4
巴西	18 822	34 585	45 058	28 202	7 067	20 457
智利	7 298	12 577	16 787	2 742	3 009	6 891
哥伦比亚	6 656	9 049	10 564	1 098	913	2 158
厄瓜多尔	271	194	974	8[a]	8[a]	9[a]
福克兰群岛	—[a]	—	—	—	—	—
圭亚那	102	152	178	—	—	—
巴拉圭	173	185	320	7	7	8
秘鲁	3 467	5 491	4 808	428[a]	66	729
苏里南	323	316	-234	—	—	—
乌拉圭	1 493	1 288	2 205	-1	89	1
委内瑞拉	-590	646	1 716	2 076	2 237	2 757
中美洲	25 181	34 673	29 676	8 101	11 359	2 889
伯利兹城	109	140	179	1	1	3
哥斯达黎加	1 469	1 896	2 021	98	263	6
萨尔瓦多	241	1 509	784	-26	100	65
危地马拉	592	745	838	40	25	16
洪都拉斯	669	816	877	1	1	2
墨西哥	19 316	27 278	21 950	5 758	8 256	686
尼加拉瓜	287	382	626	21[a]	9[a]	16[a]
巴拿马	2 498	1 907	2 402	2 209[a]	2 704[a]	2 095[a]
加勒比海地区	24 289	21 495	22 960	18 518	25 475	25 951
安圭拉岛	143	120	90	—	—	—
阿鲁巴岛	572	-91	187	− 13	30	3
巴哈马群岛	706	746	700	—	—	—
巴巴多斯	105	233	133[a]	14	197	73[a]
英属维尔京群岛	6 759[a]	4 609[a]	3 000[a]	11 990[a]	22 591[a]	22 000[a]
开曼群岛	11 539[a]	11 012[a]	10 920[a]	6 064[a]	2 557[a]	3 500[a]
古巴	26[a]	30[a]	36[a]	− 2[a]	—	—
多米尼加岛	29	61	60	—	—	—
多米尼加共和国	1 528	1 579	2 885	− 61[a]	− 17[a]	− 19[a]
格林纳达	96	190	168	—	—	—
海地	160	75	30	—	—	—
牙买加	882	867	789[a]	85	115	102[a]
蒙特色拉特岛	2	6	2	—	—	—
荷属安的列斯群岛	− 22	234	266	57	-3	15
圣基茨和尼维斯	115	164	94	—	—	—
圣卢西亚	238	259	110	—	—	—
圣文森特和格林纳丁斯	109	117	96	—	—	—

区域/经济体	FDI 流入量			FDI 流出量		
	2006	2007	2008	2006	2007	2008
特立尼达和多巴哥	883	830	3 047[a]	370	—	271[a]
特克斯和凯科斯群岛	58	97	92	14	4	5
亚洲、大洋洲	283 402	332 682	388 709	144 492	223 130	220 194
亚洲	282 127	331 425	387 828	144 448	223 081	220 139
西亚	67 633	77 609	90 255	23 977	48 342	33 684
巴林	2 915	1 756	1 794	980	1 669	1 620
伊拉克	383	485	488[a]	305	149[a]	181[a]
约旦	3 268	1 950	1 954	−138	48	13
科威特	122	123	56	8 240	10 156	8 521
黎巴嫩	2 675	2 731	3 606	875	848	987
阿曼	1 688	3 125	2 928	275	243	329
巴勒斯坦	19	28	29[a]	129	44	45[a]
卡塔尔	3 500[a]	4 700[a]	6 700[a]	127[a]	5 263[a]	2 400[a]
沙特阿拉伯	18 293	24 318	38 223	1 257[a]	13 139[a]	1 080[a]
叙利亚	659	1 242	2 116[a]	55[a]	55[a]	57[a]
土耳其	20 185	22 046	18 198	924	2 106	2 585
阿拉伯联合酋长国	12 806	14 187	13 700[a]	10 892	14 568	15 800[a]
也门	1 121	917	463[a]	56[a]	54[a]	66[a]
南亚，东亚，东南亚	214 495	253 816	297 573	120 470	174 739	186 455
东亚	131 769	150 353	186 982	82 301	111 176	136 156
中国	72 715	83 521	108 312	21 160	22 469	52 150
中国香港	45 054	54 365	63 003	44 979	61 119	59 920
朝鲜	−105[a]	67[a]	44[a]	—	—	—
韩国	4 881	2 628	7 603	8 127	15 620	12 795
中国澳门	1 608	1 642	1 905[a]	636	861	998[a]
蒙古	191	360	683	—	—	—
中国台湾	7 424	7 769	5 432	7 399	11 107	10 293
南亚	27 758	33 982	50 669	14 871	17 758	18 182
阿富汗	238	243	300	—	—	—
孟加拉国	793	666	1 086	4	21	9
不丹	6	73	30	—	—	—
印度	20 336	25 127	41 554	14 344	17 281	17 685
伊朗	1 626	1 658	1 492	386[a]	302[a]	380[a]
马尔代夫	14	15	15	—	—	—
尼泊尔	−7	6	1	—	—	—
巴基斯坦	4 273	5 590	5 438	109	99	46
斯里兰卡	480	603	752	29	55	62
东南亚	54 967	69 482	59 923	23 298	45 805	32 117
文莱达鲁萨兰国	434	260	239	18	37[a]	34[a]

区域/经济体	FDI 流入量			FDI 流出量		
	2006	2007	2008	2006	2007	2008
柬埔寨	483	867	815	12	5	24
印度尼西亚	4 914	6 928	7 919	2 726	4 675	5 900
老挝	187	324	228	—	—	—
马来西亚	6 060	8 401	8 053	6 084	11 087	14 059
缅甸	428	258	283[a]	—	—	—
菲律宾	2 921	2 916	1 520	103	3 536	237
新加坡	27 680	31 550	22 725	13 298	24 458	8 928
泰国	9 460	11 238	10 091	972	1 857	2 835
东帝汶	—[a]	—[a]	—[a]	—	—	—
越南	2 400	6 739	8 050	85	150	100a
大洋洲	1 275	1 258	881	44	49	55
库克群岛	3[a]	—[a]	1[a]	—[a]	1[a]	—[a]
斐济	374	289[a]	274[a]	1	6[a]	6[a]
法属波利尼西亚	31	58	32[a]	10	14	13[a]
基里巴斯	13[a]	−8[a]	2[a]	—	—	—
马绍尔群岛	6[a]	12[a]	6[a]	-8[a]	—	—
密克罗尼西亚	1[a]	17[a]	6[a]	—	—	—
瑙鲁	—	1[a]	—[a]	—	—	—
新喀里多尼亚	749	657	467[a]	31	7	23[a]
纽埃	—	—	—	−2[a]	2[a]	—
帕劳群岛	1[a]	3[a]	2[a]	—	—	—
巴布亚新几内亚	−7	96	-30	1	8	—
萨摩亚	12	3	6[a]	2	—	—[a]
所罗门群岛	34	67	76	7	10	12
汤加	10	28	6	2	2	2
图瓦卢	5[a]	-[a]	2[a]	—	—	—
瓦努阿图	44	34	34	1	1	−1
瓦利斯和富图纳群岛	—[a]	1[a]	—	—	—	—
欧洲东南部和独联体	54 548	90 866	114 361	23 724	51 505	58 496
欧洲东南部	9 891	12 792	10 880	396	1 380	634
阿尔巴尼亚	324	658	956	11	15	92
波黑	718	2 115	1 009	4	24	—
克罗地亚	3 457	4 982	4 383	263	246	170
黑山共和国	618	876	939	33	157	108
萨尔维亚	4 350	3 462	2 994	85	938	277
马其顿	424	699	598	—	−1	−14
独联体	44 657	78 074	103 481	23 328	50 125	57 862
亚美尼亚	453	661	1 132	3	−3	10
阿塞拜疆	−601	−4 817	11	705	286	556

区域/经济体	FDI 流入量			FDI 流出量		
	2006	2007	2008	2006	2007	2008
白俄罗斯	354	1 785	2 158	3	15	9
格鲁吉亚	1 170	1 750	1 564	−16	75	41
哈萨克斯坦	6 278	11 126	14 543	−385	3 151	3 812
吉尔吉斯斯坦	182	208	233	—	—	—
摩尔多瓦	251	493	713	−1	12	33
俄罗斯联邦	29 701	55 073	70 320	23 151	45 916	52 390
塔吉克斯坦	339	360	376	—	—	—
土库曼斯坦	731[a]	804[a]	820[a]	—	—	—
乌克兰	5 604	9 891	10 693	−133	673	1 010
乌兹别克斯坦	195[a]	739[a]	918[a]	—	—	—
备忘录						
除中国外的发展中国家	361 049	445 823	512 421	194 122	263 017	240 560
发展中和过渡经济体	488 312	620 210	735 095	239 006	336 991	351 206
最不发达国家[b]	22 714	25 737	33 098	670	1 521	3 889
主要石油出口国[c]	77 747	92 095	126 371	27 848	58 211	48 581
主要制造业出口国[d]	254 855	311 425	353 498	151 351	185 964	202 630
EU-15，1995[e]	524 324	766 699	433 681	678 500	1 175 380	824 305
EU-25，2005[f]	571 271	820 672	480 943	696 595	1 191 589	836 573

来源：UNCTAD，FDI/TNC 数据库（www.unctad.org/fdistatistics）.

a 预算：详见“定义和来源”。

b 最不发达国家包括：阿富汗、安哥拉、孟加拉国、贝宁、不丹、布基纳法索、布隆迪、柬埔寨、中非共和国、乍得、科摩罗、刚果民主共和国、吉布提、赤道几内亚、厄立特里亚、埃塞俄比亚、冈比亚、几内亚、几内亚比绍、海地、基里巴斯、老挝人民民主共和国、莱索托、利比里亚、马达加斯加、马拉维、马尔代夫、马里、毛里塔尼亚、莫桑比克、缅甸、尼泊尔、尼日尔、卢旺达、萨摩亚、圣多美与普林希比共和国、塞内加尔、塞拉利昂、所罗门群岛、索马里、苏丹、东帝汶、多哥、图瓦卢、乌干达、坦桑尼亚联合共和国、瓦努阿图、也门、赞比亚。

c 主要石油输出国家包括：阿尔及利亚、安哥拉、巴林、文莱达鲁萨兰国、刚果、加蓬、印度尼西亚、伊朗伊斯兰共和国、伊拉克、科威特、大利比亚阿拉伯人民社会主义民众国、尼日利亚、阿曼、卡塔尔、沙特阿拉伯、阿拉伯叙利亚共和国、特立尼达和多巴哥、阿拉伯联合酋长国、委内瑞拉玻利瓦尔共和国、也门。

d 主要制造业输出国家和地区包括：巴西、中国、中国香港、印度、韩国、马来西亚、墨西哥、菲律宾、新加坡、中国台湾、泰国、土耳其。

e EU-15，1995 包括：澳大利亚、比利时、卢森堡、丹麦、芬兰、法国、德国、希腊、爱尔兰、意大利、荷兰、葡萄牙、西班牙、瑞典、英国。

f EU-25，2005 包括：澳大利亚、比利时、塞浦路斯、捷克共和国、丹麦、爱沙尼亚、芬兰、法国、德国、希腊、匈牙利、爱尔兰、意大利、拉脱维亚、立陶宛、卢森堡、马耳他、荷兰、波兰、葡萄牙、斯洛伐克、斯洛文尼亚、西班牙、瑞典、英国。

注：表中数字单位为百万美元。

附录 7　1990 年、2000 年、2008 年区域和经济体 FDI 存量表

区域/经济体	FDI 内向存量			FDI 外向存量		
	1990	2000	2008	1990	2000	2008
全球	1 942 207	5 757 360	14 909 289	1 758 584	6 069 882	16 205 663
发达经济体	1 412 605	3 960 321	10 212 893	1 640 405	5 186 178	13 623 626
欧洲	808 943	2 281 563	6 932 525	887 519	3 250 775	8 997 437
欧盟	761 897	2 163 354	6 431 893	810 472	2 983 925	8 086 804
奥地利	10 972	31 165	139 340	4 747	24 821	152 562
比利时和卢森堡	58 388	195 219		40 636	179 773	—
比利时	—	—	518 940	—	—	588 269
保加利亚	112[a]	2 704	46 011	124[a]	67	1 248
塞浦路斯	—[a, b]	2 910[a]	20 706	8[a]	560[a]	10 493
捷克共和国	1 363[a]	21 644	114 369	—	738	9 913
丹麦	9 192	45 916	150 492	7 342	44 981	192 523
爱沙尼亚	—	2 645	15 962	—	259	6 686
芬兰	5 132	24 273	87 860	11 227	52 109	114 526
法国	97 814	259 775	991 377	112 441	445 091	1 396 997
德国	111 231	271 611	700 471[a]	151 581	541 861	1 450 910[a]
希腊	5 681[a]	14 113	36 703	2 882[a]	6 094	32 441
匈牙利	570	22 870	63 671	159[a]	1 280	14 179
爱尔兰	37 989[a]	127 089	173 420[a]	14 942[a]	27 925	159 363[a]
意大利	59 998	121 170	343 215	60 184	180 275	517 051
拉脱维亚	—	2 084	11 447	—	24	1 066
立陶宛	—	2 334	12 847	—	29	1 990
卢森堡	—	23 492	85 353	—	7 927	62 664
马耳他	465[a]	2 263	9 142[a]	—	193	1 517[a]
荷兰	68 731	243 733	644 598	106 900	305 461	843 737
波兰	109	34 227	161 406	95[a]	1 018	21 814
葡萄牙	10 571	32 043	99 820	900	19 793	63 642
罗马尼亚	—	6 953	71 864	66	136	912
斯洛伐克	282[a]	4 746	45 933	—	373	1 901
斯洛文尼亚	1 643[a]	2 894	15 782[a]	560[a]	768	8 650[a]
西班牙	65 916	156 348	634 788	15 652	129 194	601 849
瑞典	12 636	93 995	253 502	50 720	123 256	319 310
英国	203 905	438 631	982 877	229 307	897 845	1 510 593

区域/经济体	FDI 内向存量			FDI 外向存量		
	1990	2000	2008	1990	2000	2008
其他发达欧洲国家	47 045	118 209	500 632	77 047	266 850	910 633
直布罗陀	263[a]	642[a]	1 565[a]	—	—	—
冰岛	147	497	3 493	75	663	14 783
挪威	12 391	30 265	121 521[a]	10 884	34 026	171 164[a]
瑞士	34 245	86 804	374 054	66 087	232 161	724 687
北美洲	507 754	1 469 583	2 691 160	515 328	1 553 886	3 682 420
加拿大	112 843	212 716	412 268	84 807	237 639	520 399
美国	394 911	1 256 867	2 278 892	430 521	1 316 247	3 162 021
其他发达经济体	95 908	209 175	589 207	237 558	381 518	943 768
澳大利亚	73 644	111 139	272 174	30 507	85 385	194 721
百慕大群岛	—	265[a]	2 755[a]	—	108[a]	1 952[a]
以色列	4 476	22 556	57 481	1 188	9 091	53 672
日本	9 850	50 322	203 372	201 441	278 442	680 331
新西兰	7 938	24 894	53 424	4 422[a]	8 491	13 093
发展中经济体	529 593	1 736 167	4 275 982	145 179	862 358	2 356 649
非洲	60 635	154 244	510 511	19 826	44 155	97 958
北非	23 923	45 688	173 637	1 836	3 282	17 719
阿尔及利亚	1 521[a]	3 497[a]	14 458[a]	183[a]	249[a]	1 335[a]
埃及	11 043[a]	19 955	59 998[a]	163[a]	655	3 701[a]
利比亚	678[a]	451[a]	12 834[a]	1 321[a]	1 942[a]	10 823[a]
摩洛哥	3 011[a]	8 842[a]	41 001[a]	155[a]	402[a]	1 706[a]
苏丹	55[a]	1 398[a]	16 262[a]	—	—	—
北非共和国	7 615	11 545	29 083	15	33	155
其他非洲地区	36 712	108 555	336 874	17 989	40 874	80 239
西非	14 013	33 401	110 928	1 799	6 627	11 125
贝宁	—[a, b]	213	677[a]	2[a]	11	27[a]
布基纳法索	39[a]	28	697[a]	4[a]	-	10[a]
佛得角	4[a]	192[a]	974	1[a]	7[a]	11[a]
科特迪瓦	975[a]	2 483	6 054[a]	6[a]	9	30[a]
冈比亚	157	216	583[a]	—	—	—
加纳	319[a]	1 605[a]	5 755[a]	—	—	—
几内亚	69[a]	263[a]	2 441[a]	—	7[a]	701[a]
几内亚比绍	8[a]	38[a]	108[a]	—	—	2[a]
利比里亚	2 732[a]	3 247[a]	4 171[a]	453[a]	2 188[a]	3 981[a]
马里	229[a]	132	1 093[a]	22[a]	22[a]	54[a]
毛里塔尼亚	59[a]	146[a]	2 008[a]	3[a]	4[a]	22[a]
尼日尔	286[a]	45	424[a]	54[a]	117[a]	122[a]
尼日利亚	8 539[a]	23 786[a]	83 069[a]	1 207[a]	4 132[a]	6 020[a]
塞内加尔	258[a]	295	1 544[a]	47[a]	117[a]	196[a]

区域/经济体	FDI 内向存量			FDI 外向存量		
	1990	2000	2008	1990	2000	2008
塞拉利昂	243[a]	284[a]	423[a]	—	—	—
多哥	268[a]	427[a]	908[a]	—	13[a]	—[a, b]
中非	3 808	5 804	35 052	372	648	866
布隆迪	30[a]	47[a]	48[a]	-[a]	2[a]	2[a]
喀麦隆	1 044[a]	1 600[a]	4 055[a]	150[a]	254[a]	252[a]
中非共和国	95[a]	104[a]	411[a]	18[a]	43[a]	43[a]
乍得	250[a]	576[a]	5 247[a]	37[a]	70[a]	70[a]
刚果	575[a]	1 889[a]	9 270[a]	—	—	—
刚果民主共和国	546[a]	617[a]	2 521[a]	—	—	—
赤道几内亚	25[a]	1131[a]	12 035[a]	—[a]	—[a, b]	3[a]
加蓬	1 208[a]	—[a, b]	1 046[a]	167[a]	280[a]	495[a]
卢旺达	33[a]	55	274	—	—	—
圣多美和普林西比	—[a]	11[a]	146[a]	—	—	—
东非	1 701	7 132	24 511	165	371	666
科摩罗	17[a]	21[a]	40[a]	—	—	—
吉布提	13[a]	40	752	—	—	—
厄立特里亚国	—	337[a]	383[a]	—	—	—
埃塞俄比亚	124[a]	941[a]	3 681[a]	—	—	—
肯尼亚	668[a]	931[a]	1 988[a]	99[a]	115[a]	243[a]
马达加斯加	107[a]	141	3 306[a]	1[a]	10[a]	6[a]
毛里求斯	168[a]	683[a]	1 632[a]	1[a]	132[a]	348[a]
塞舌尔	213	448	1 508	64	114	68
索马里	—[a, b]	4[a]	346[a]	—	—	—
乌干达	6[a]	807	4 189	—	—	—
坦桑尼亚	388[a]	2 778	6 686[a]	—	—	—
南非	17 191	62 219	166 383	15 653	33 228	67 582
安哥拉	1 024[a]	7 978[a]	26 750[a]	1[a]	2[a]	3 696[a]
博茨瓦纳	1 309	1 827	699	447	517	1 060
莱索托	83[a]	330[a]	934[a]	—[a]	2[a]	2[a]
马拉维	228[a]	358	627[a]	—	8[a]	21[a]
莫桑比克	25	1 249	3 803	2[a]	1[a]	1
纳米比亚	2 047	1 276	3 472	80	45	11
南非	9 207	43 462	119 392[a]	15 004	32 333	62 325[a]
斯威士兰	336	536	619	38	87	59
赞比亚	2 655[a]	3 966[a]	8 545	—	—	154[a]
津巴布韦	277[a]	1 238[a]	1 544[a]	80[a]	234[a]	253[a]
拉丁美洲和加勒比地区	110 547	502 487	1 181 615	57 643	204 388	561 432
中南美洲	101 977	424 180	978 056	56 013	115 038	329 268
南美洲	73 481	309 057	633 517	49 344	95 939	255 506

区域/经济体	FDI内向存量			FDI外向存量		
	1990	2000	2008	1990	2000	2008
阿根廷	7 751[a]	67 601	76 091	6 057[a]	21 141	28 749
玻利维亚	1 026	5 188	5 998	7[a]	29	64
巴西	37 143	122 250	287 697	41 044[a]	51 946[a]	162 218
智利	16 107[a]	45 753	100 989	154[a]	11 154	31 728
哥伦比亚	3 500	11 157	67 229	402	2 989	13 084
厄瓜多尔	1 626	6 337	11 300	16[a]	158[a]	201[a]
福克兰群岛	—[a]	58[a]	—	—	—	—
圭亚那	45[a]	756[a]	1 422[a]	—	1[a]	2[a]
巴拉圭	418[a]	1 327	2 398	134[a]	214	234
秘鲁	1 330	11 062	30 232	122	505	2 270
乌拉圭	671[a]	2 088	8 788	186[a]	126[a]	337
委内瑞拉	3 865	35 480	41 375	1 221	7 676	16 619
中美洲	28 496	115 123	344 539	6 668	19 099	73 762
伯利兹城	89[a]	301[a]	1 043[a]	20[a]	43[a]	49[a]
哥斯达黎加	1 324[a]	2 709	10 818	44[a]	86	532
萨尔瓦多	212	1 973	6 701	56[a]	74	449
危地马拉	1 734	3 420	5 455[a]	—	93[a]	332[a]
洪都拉斯	293	1 392	5 112	—	—	25
墨西哥	22 424	97 170	294 680	2 672[a]	8 273	45 389
尼加拉瓜	145[a]	1 414[a]	3 756[a]	—	22[a]	140[a]
巴拿马	2 275	6 744	16 974	3 876[a]	10 507[a]	26 846[a]
加勒比海地区	8 570	78 307	203 559	1 630	89 350	232 164
安圭拉	11[a]	231[a]	902[a]	—	—	—
安提瓜和巴布达	290[a]	619[a]	2 353[a]	—	—	—
阿鲁巴岛	145[a]	760	2 033[a]	—	374	360[a]
巴哈马群岛	586[a]	2 988[a]	7 593[a]	—	—	—
巴巴多斯	171	308	923[a]	23	41	340[a]
英属维尔京群岛	126[a]	32 093[a]	64 578[a]	875[a]	67 132[a]	176 862[a]
开曼群岛	1 749[a]	25 585[a]	79 973[a]	648[a]	20 788[a]	51 287[a]
古巴	2[a]	74[a]	185[a]	—	—	—
多米尼加岛	66[a]	275[a]	559[a]	—	—	—
多米尼加共和国	572	1 673[a]	11 408[a]	—	—	—
格林纳达	70[a]	348[a]	1 156[a]	—	—	—
海地	149[a]	95	415	—	2[a]	2[a]
牙买加	1 295[a]	3 821[a]	9 456[a]	42[a]	709[a]	1 452[a]
蒙特色拉特岛	40[a]	83[a]	99[a]	—	—	—
荷属安的列斯群岛	408[a]	277[a]	967[a]	21[a]	11[a]	166[a]
圣基茨和尼维斯	160[a]	487[a]	1 278[a]	—	—	—
圣卢西亚	316[a]	807[a]	1 870[a]	—	—	—

区域/经济体	FDI 内向存量			FDI 外向存量		
	1990	2000	2008	1990	2000	2008
圣文森特和格林纳丁斯	48[a]	499[a]	1 037[a]	—	—	—
特立尼达和多巴哥	2 365[a]	7 280[a]	16 415[a]	21[a]	293[a]	1 694[a]
特克斯和凯科斯群岛	2	4	358	—	—	—
亚洲、大洋洲	358 412	1 079 436	2 583 855	67 710	613 815	1 697 259
亚洲	355 576	1 074 958	2 575 002	67 402	613 257	1 696 386
西亚	43 832	66 494	362 559	8 476	16 065	131 985
巴林	552	5 906	14 844	719	1 752	9 340
伊拉克	—[a], [b]	—[a], [b]	2 135[a]	—	—	—
约旦	1 466[a]	3 135	18 012[a]	158[a]	44	373[a]
科威特	37[a]	608	991	3 662	1 677	15 807
黎巴嫩	53[a]	4 988[a]	24 170[a]	43[a]	586[a]	5 451[a]
阿曼	1 723[a]	2 577[a]	11 993[a]	590[a]	611[a]	1 902[a]
巴勒斯坦	—	932[a]	1 150[a]	—	606[a]	1 635[a]
卡塔尔	63[a]	1 912[a]	22 055[a]	—	74[a]	8 738[a]
沙特阿拉伯	21 894[a]	17 577	114 277	2 124[a]	4 990[a]	23 130[a]
叙利亚	5 954[a]	7 279[a]	10 337[a]	4[a]	105[a]	567[a]
土耳其	11 189[a]	19 204	69 871	1 157[a]	3 668	13 865
阿拉伯联合酋长国	751[a]	1 069[a]	69 420[a]	14[a]	1 938[a]	50 801[a]
也门	180	1 336	3 305[a]	5[a]	12[a]	376[a]
南亚，东亚，东南亚	311 744	1 008 463	2 212 443	58 926	597 192	1 564 401
东亚	240 645	710 475	1 363 128	49 032	509 637	1 197 468
中国	20 691[a]	193 348	378 083	4 455[a]	27 768[a]	147 949
中国香港	201 653[a]	455 469	835 764	11 920[a]	388 380	775 920
朝鲜	572[a]	1 044[a]	1 435[a]	—	—	—
韩国	5 186	38 110	90 693	2 301	26 833	95 540
中国澳门	2 809[a]	2 801[a]	9 749[a]	—	—	2 920[a]
蒙古	—[a]	182[a]	1 946[a]	—	—	—
中国台湾	9 735[a]	19 521	45 458	30 356[a]	66 655	175 140
南亚	6 795	31 003	186 105	422	3 075	65 297
阿富汗	12[a]	17[a]	1 365[a]	—	—	—
孟加拉国	478[a]	2 162	4 817	45[a]	69	81
不丹	2[a]	4[a]	131[a]	—	—	—
印度	1 657[a]	17 517	123 288	124[a]	1 859	61 765
伊朗	2 039[a]	2 597[a]	20 811[a]	—	572[a]	1 853[a]
马尔代夫	25[a]	118[a]	225[a]	—	—	—
尼泊尔	12[a]	72[a]	127[a]	—	—	—
巴基斯坦	1 892	6 919	31 059[a]	245	489	1 284[a]

区域/经济体	FDI 内向存量			FDI 外向存量		
	1990	2000	2008	1990	2000	2008
斯里兰卡	679[a]	1 596	4 283[a]	8[a]	86[a]	314[a]
东南亚	64 303	266 985	663 210	9 471	84 481	301 635
文莱达鲁萨兰国	33[a]	3 868[a]	10 361[a]	—	447[a]	732[a]
柬埔寨	38[a]	1 580	4 637	—	193	308
印度尼西亚	8 732[a]	25 060[a]	67 044[a]	86[a]	6 940[a]	27 233[a]
老挝	13[a]	556[a]	1 408[a]	—	21[a]	20[a]
马来西亚	10 318	52 747[a]	73 262	753	15 878[a]	67 580
缅甸	281[c]	3 865[c]	5 546[a]	—	—	—
菲律宾	4 528[a]	18 156[a]	21 470[a]	406[a]	2 044[a]	5 810[a]
新加坡	30 468	110 570	326142[a]	7 808	56 755	189 094[a]
泰国	8 242	29 915	104850[a]	418	2 203	10 857[a]
东帝汶	—[a]	72[a]	166[a]	—	—	—
越南	1 650[a]	20 596	48 325[a]	—	—	—
大洋洲	2 836	4 478	8 853	308	558	873
库克群岛	14[a]	34[a]	39[a]	—	—	—
斐济	284	389	1 759[a]	25[a]	35	82[a]
法属波里尼西亚	69[a]	139[a]	324[a]	—	—	82[a]
基里巴斯	—[a]	69[a]	141[a]	—	—	—
新喀里多尼亚	70[a]	67[a]	2 239[a]	—	—	—
纽埃		—[a]	7[a]	—	—	—
北马里亚纳群岛	304[a]	767[a]		—	—	—
帕劳群岛		97[a]	124[a]	—	—	—
巴布亚新几内亚	1 582	2 010[a]	2 312[a]	26[a]	265[a]	276[a]
萨摩亚	9[a]	53[a]	74[a]	—	—	—
所罗门群岛	301[a]	382[a]	700	258[a]	258[a]	375
汤加		-		—	—	—
图瓦卢	1[a]	15[a]	84[a]	—	—	—
瓦努阿图	—	—[a], [b]	32[a]	—	—	—
瓦利斯和福图纳	201[a]	457[a]	1 019	—	—	58
欧洲东南部和独联体	9	60 873	420 414	—	21 345	225 387
欧洲东南部	—	5 666	65 426	—	841	4 174
阿尔巴尼亚	—	247	2 627	—	—	147
波黑	—	1 063[a]	7 779[a]	—	—	29[a]
克罗地亚	—	2 800	31 061	—	825	3 635
黑山共和国	—	—	3 234	—	—	310
萨尔维亚	—	1 017[a]	16 387[a]	—	—	—
马其顿	—	540	4 338[a]	—	16	54[a]
独联体	9	55 206	354 988		20 504	221 213
亚美尼亚	9[a]	583	3 521	—	1[a]	24

区域/经济体	FDI 内向存量			FDI 外向存量		
	1990	2000	2008	1990	2000	2008
阿塞拜疆	—	3 735	6 612	—	5 [a]	5 232
白俄罗斯	—	1 306	6 679	—	24	50
格鲁吉亚	—	762	6 919	—	92	130
哈萨克斯坦	—	10 078	58 284	—	16	5 842
吉尔吉斯斯坦	—	432	1 015	—	33	18
摩尔多瓦	—	449	2 573	—	23	75
俄罗斯联邦	—	32 204	213 734	—	20 141	202 837
塔吉克斯坦	—	136 [a]	862	—	—	—
土库曼斯坦	—	949 [a]	4 748 [a]	—	—	—
乌克兰	—	3 875	46 997	—	170	7 005
乌兹别克斯坦	—	698 [a]	3 043 [a]	—	—	—
备忘录						
除中国外的发展中国家	508 903	1 542 819	3 897 899	140 724	834 590	2 208 701
发展中和过渡经济体	529 602	1 797 039	4 696 396	145 179	883 703	2 582 037
最不发达国家 [d]	11 579	39 061	136 167	952	3 172	10 284
主要石油出口国 [e]	62 112	150 173	553 756	11 345	33 703	181 329
主要制造业出口国 [f]	363 234	1 173 978	2 651 258	103 415	652 262	1 751 127
EU-15，1995 [g]	758 156	2 055 080	5 842 753	809 459	2 978 480	8 006 436
EU-25，2005 [h]	761 785	2 153 697	6 314 019	810 282	2 983 721	8 084 644

来源：UNCTAD，FDI/TNC 数据库（www.unctad.org/fdistatistics）.

a 预算：详见附录 B 中“定义和来源”。

b 忽略市值，但该值包含在局部和全部统计当中。

c 上述所有数据均以财政年度为基础。

d 最不发达国家包括：阿富汗、安哥拉、孟加拉国、贝宁、不丹、布基纳法索、布隆迪、柬埔寨、中非共和国、乍得、科摩罗、刚果民主共和国、吉布提、赤道几内亚、厄立特里亚、埃塞俄比亚、冈比亚、几内亚、几内亚比绍、海地、基里巴斯、老挝人民民主共和国、莱索托、利比里亚、马达加斯加、马拉维、马尔代夫、马里、毛里塔尼亚、莫桑比克、缅甸、尼泊尔、尼日尔、卢旺达、萨摩亚、圣多美与普林希比共和国、塞内加尔、塞拉利昂、所罗门群岛、索马里、苏丹、东帝汶、多哥、图瓦卢、乌干达、坦桑尼亚联合共和国、瓦努阿图、也门、赞比亚。

e 主要石油输出国家包括：阿尔及利亚、安哥拉、巴林、文莱达鲁萨兰国、刚果、加蓬、印度尼西亚、伊朗伊斯兰共和国、伊拉克、科威特、大利比亚阿拉伯人民社会主义民众国、尼日利亚、阿曼、卡塔尔、沙特阿拉伯、阿拉伯叙利亚共和国、特立尼达和多巴哥、阿拉伯联合酋长国、委内瑞拉玻利瓦尔共和国、也门。

f 主要制造业输出国家包括：巴西、中国、中国香港、印度、韩国、马来西亚、墨西哥、菲律宾、新加坡、中国台湾、泰国、土耳其。

g EU-15，1995 包括：澳大利亚、比利时、卢森堡、丹麦、芬兰、法国、德国、希腊、爱尔兰、意大利、荷兰、葡萄牙、西班牙、瑞典、英国。

h EU-25，2005 包括：澳大利亚、比利时、塞浦路斯、捷克共和国、丹麦、爱沙尼亚、芬兰、法国、德国、希腊、匈牙利、爱尔兰、意大利、拉脱维亚、立陶宛、卢森堡、马耳他、荷兰、波兰、葡萄牙、斯洛伐克、斯洛文尼亚、西班牙、瑞典、英国。

注：表中数字单位为百万美元。

附录 8　2003—2008 年中国对外直接投资流量情况表（分国家地区）

国家（地区）	2003 年	2004 年	2005 年	2006 年	2007 年	2008 年
合计	285465	549799	1226117	1760097	2650609	5590717
亚洲	150503	3031399	448417	766325	1659315	4354750
阿富汗	30	—	—	25	10	11391
巴林	5	—	7	—192	—	12
孟加拉国	141	76	18	531	364	450
文莱	—	—	150	—	118	182
塞浦路斯	—	—	—	—	30	—
柬埔寨	2195	2952	515	981	6445	20464
东帝汶	—	10	—	—	—	—
中国香港	114898	262839	341970	693096	1373235	3864030
印度	15	35	1116	561	2202	10188
印度尼西亚	2680	6196	1184	5694	9909	17398
伊朗	782	1755	1160	6578	1142	—3453
伊拉克	—	—	—	35	36	—166
以色列	32	—	600	100	222	—100
日本	737	1530	1717	3949	3903	5862
约旦	—	—	101	—618	60	—163
哈萨克斯坦	294	231	9493	4600	27992	49643
吉尔吉斯斯坦	244	533	1374	2764	1499	706
朝鲜	112	1413	650	1106	1840	4123
韩国	15392	4023	58882	2732	5667	9691
科威特	—	169	—	406	—625	244
老挝	80	356	2058	4804	15435	8700
黎巴嫩	—	2	—	—	—	—
澳门	3171	2658	834	—4251	4731	64338
马来西亚	197	812	5672	751	—3282	3443
蒙古	443	4016	5234	8239	19627	23861
缅甸	—	409	1154	1264	9231	23253
尼泊尔	—	168	135	32	99	1
阿曼	—	—	522	2668	259	—2295
巴基斯坦	963	142	434	—6207	91063	26537
菲律宾	95	5	451	930	450	3369

国家（地区）	2003年	2004年	2005年	2006年	2007年	2008年
卡塔尔	100	80	—	352	981	1000
沙特阿拉伯	24	199	2154	11720	11796	8839
新加坡	—321	4798	2033	13215	39773	155095
斯里兰卡	23	25	3	25	—152	904
叙利亚	—	—	20	13	—1126	—117
塔吉克斯坦	—	499	77	698	6793	2658
中国台湾省	—	—	—	—3	—5	—6
泰国	5731	2343	477	1584	7641	4547
土库曼斯坦	—	—	—	—4	126	8671
土耳其	153	158	24	115	161	910
阿联酋	937	831	2605	2812	4915	12738
乌兹别克斯坦	72	108	9	107	1315	3937
越南	1275	1685	2077	4352	11088	11984
也门共和国	3	343	3516	761	4347	1881
非洲	7481	31743	39168	51986	157431	549055
阿尔及利亚	247	1121	8487	9893	14592	4225
安哥拉	19	18	47	2239	4119	—957
贝宁	209	1377	131	—	632	1456
博茨瓦纳	80	27	369	276	187	1406
喀麦隆	28	37	19	73	205	169
佛得角	—	—	32	23	9	48
乍得	—	—	271	161	75	974
刚果（金）	6	1191	507	3673	5727	2399
刚果（布）	—	—	—	—	—	979
科特迪瓦	62	675	874	—291	174	—702
吉布提	—	—	—	—	100	—
埃及	210	572	1331	885	2498	1457
赤道几内亚	48	169	635	1019	1282	—486
厄立特里亚	—	—	—	1	45	—49
埃塞俄比亚	98	43	493	2395	1328	971
加蓬	—	560	208	553	331	3205
冈比亚	4	—	—	—	—	—
加纳	289	34	257	50	185	1099
几内亚	120	1444	1634	75	1320	832
肯尼亚	74	268	205	18	890	2323
莱索托	—	3	60	—	—	62
利比里亚	40	58	865	—703	—	265
利比亚	10	6	25	—851	4226	1054
马达加斯加	68	1364	14	117	1324	6116

国家（地区）	2003年	2004年	2005年	2006年	2007年	2008年
马拉维	—	—	—	—	20	544
马里	541	—	—	260	672	—128
毛里塔尼亚	170	9	36	478	—498	—65
毛里求斯	1027	44	204	1659	1558	3444
摩洛哥	19	180	85	178	264	688
莫桑比克	—	66	288	—	1003	585
纳米比亚	62	—	18	85	91	759
尼日尔	—	153	576	794	10083	—1
尼日利亚	2440	4552	5330	6779	39035	16256
卢旺达	—	—	142	299	—41	1288
塞内加尔	65	—	—	—	24	360
塞舌尔	—	—	5	6	9	5
塞拉利昂	—	592	49	371	285	1142
南非	886	1781	4747	4074	45441	480786
苏丹	—	14670	9113	5079	6540	—6314
坦桑尼亚	—	162	96	1254	—382	1822
多哥	3	185	31	458	270	420
突尼斯	—	22	—	173	—34	—
乌干达	100	15	17	23	401	—670
赞比亚	553	223	1009	8744	11934	21397
津巴布韦	3	71	147	342	1257	—72
欧洲	14503	15721	39549	59771	154043	87579
阿尔巴尼亚	—	—	—	1	—	—
奥地利	40	—	—	4	8	—
阿塞拜疆	35	20	—	394	—115	—66
比利时	30	5	—	13	491	—
波斯尼亚和黑塞哥维纳	146	—	—	—	—	—
保加利亚	35	35	172	—	—	—
白俄罗斯	—	—	—	—	—	210
克罗地亚	—	—	—	—	120	—
捷克	—	46	—	910	497	1279
丹麦	7388	—788	1079	—5891	27	133
芬兰	—	—	—	—	1	266
法国	45	1031	609	560	962	3105
格鲁吉亚	—	484	—	994	821	1000
德国	2506	2750	12874	7672	23866	18341
希腊	—	20	—	—	3	12
匈牙利	118	10	65	37	863	215

国家（地区）	2003 年	2004 年	2005 年	2006 年	2007 年	2008 年
爱尔兰	14	—	—	2529	20	4233
意大利	29	310	746	763	810	500
拉脱维亚	158	—	—	—	—174	
列支敦士登	—	—	—	—	28	—
卢森堡	—	—	—	—	419	4213
马耳他	—	37	—	10	—10	47
荷兰	447	191	384	531	10675	9197
挪威	—	—	—	14	360	9
波兰	155	10	13	—	1175	1070
罗马尼亚	61	268	287	963	680	1198
俄罗斯联邦	3062	7731	20333	45211	47761	39523
西班牙	—	170	147	730	609	116
瑞典	17	264	100	530	6806	1066
瑞士	—	58	59	101	121	1
乌克兰	6	120	203	183	565	241
英国	211	2939	2478	3512	56654	1671
拉丁美洲	103815	176272	646616	846874	490241	367725
阿根廷	100	112	35	622	13669	1082
巴哈马	—103	4356	2295	272	3899	—5591
巴巴多斯	—	—	—	185	41	82
伯利兹	—	—	—	—	—	6
玻利维亚	—	—	8	1800	197	414
巴西	667	643	1509	1009	5113	2238
开曼群岛	80661	128613	516275	783272	260159	152401
智利	20	55	180	658	383	93
哥伦比亚	—	453	96	—336	22	676
古巴	143	—	158	3037	658	556
多米尼加共和国	—	—	—	—	—	6
厄瓜多尔	27	30	907	246	358	—942
格林纳达	—	—	—	—	—	12
圭亚那	—	—	—	—	6000	—
洪都拉斯	13	138	—	—	—438	—90
牙买加	—	—	—	—	—	214
墨西哥	3	2170	355	—369	1716	563
巴拿马	1	10	836	—	833	652
巴拉圭	—	—	—	—	—	300
秘鲁	12	22	55	540	671	2455
英属维尔京群岛	20968	38552	122608	53811	187614	210433
委内瑞拉	622	466	740	1836	6953	978

国家（地区）	2003年	2004年	2005年	2006年	2007年	2008年
乌拉圭	55	—	—	—	48	—
圣文森特和格林纳丁斯	560	—	282	291	588	946
苏里南	65	113	277	—	1757	242
北美洲	5775	12649	32084	25805	112571	36421
加拿大	—730	512	3244	3477	103257	703
美国	6505	11993	23182	19834	19573	46203
百慕大群岛	—	145	5658	2494	—10259	—10484
大洋洲	3388	12015	20283	12636	77008	195187
澳大利亚	3039	12495	19307	8760	53159	189215
斐济	—	—	25	465	249	797
新西兰	307	—490	347	349	—160	646
巴布亚新几内亚	—	10	588	2862	19681	2992
西萨摩亚	42	—	—	—	—12	—
密克罗尼西亚联邦	—	—	16	—	625	—16
马绍尔群岛共和国	—	—	—	200	3416	800
帕劳共和国	—	—	—	—	50	752

注：2003—2006年各年流量为非金融类直接投资流量。表中数字单位为万美元。

数据来源：商务部、国家统计局、国家外汇管理局，2008年度中国对外直接投资统计公报。

附录 9　缩略语

BRICs	金砖四国
BRICS	金砖五国
CCA	协议保护机制
CCB	森林多重效益
CCBA	气候、社区和生物多样性保护联盟
COD	化学需氧量
CSR	企业社会责任
EIA	环境影响评价
EDF	欧洲发展基金
EHS Guidelines	《环境、健康和安全指南》
ESG	环境、社会和公司治理
ESRM	环境和社会风险管理
EXIM	中国进出口银行
Ex-Im Bank	美国进出口银行
FCPF	森林碳伙伴基金
FDI	外国直接投资
GATS	服务贸易总协定
GEI	全球环境研究所
HSBC	汇丰银行
ICBC	中国工商银行
IFC	国际金融公司
KFW	德国复兴信贷银行
NGO	非政府组织
ODA	官方发展援助
OECD	经济合作与发展组织
PES	生态补偿
PRI	负责任的投资原则
REDD	减少发展中国家因毁林和森林退化所致的碳排放
SEA	战略环境评估
TBT	贸易技术壁垒协议
UNCTAD	联合国贸发会议
UNEP	联合国环境规划署
UNEPFI	联合国环境规划署金融行动
UNFCCC	《联合国气候变化框架公约》
UN GC	联合国“全球契约”

主要参考文献

[1] 蔡文晓. 外商直接投资的环境效应. 济南：山东大学出版社，2006.

[2] 陈波，支玲，刑红. 中国森林生态效益补偿研究综述. 林业经济问题，2007，27（10）：6-11.

[3] 陈波，支玲，刑红. 中国森林生态效益补偿研究综述. 林业经济问题，2007，27（10）：6-11.

[4] 陈宪民，顾婷. 论世界银行环境保护法律与政策. 华东政法学院学报，2002.6.

[5] 程驭宇，暨仕臣，侯文斌. 战略环境评价及其应用初探. 云南环境科学，2001，20（1）：7-9，19.

[6] 崔莉凤. 环境影响评价和案例分析. 北京：中国标准出版社，2005.

[7] 丁敏. 哥斯达黎加的森林生态补偿制度及其借鉴意义. http：//ceepr.gdass.gov.cn/news_view.jsp？ cat_id=1001993&news_id=2016.

[8] 杜珂，付华辉，陈鸣洁. 我国引进“协议保护机制”的意义.中国林业，2005，（9B）：39-40.

[9] 葛察忠，李娜，龙凤.环保国际履约中企业的资金机制分析[J]. 环境科学管理，2010.

[10] 桂滨，钟文香，孙绿松. 战略环评和项目环评. 产业经济与管理，2004（10）：16-19.

[11] 国际金融公司的社会和环境绩效标准（OL）.世界银行集团.http：//www.worldbank.org.cn/Chinese/Content/ifc_social_env.htm.

[12] 洪尚群，吴晓青，杨春明，等. 环境政策法律经济分析和程序设计，安全与环境学报，2002，6：41-43.

[13] 洪尚群，吴晓青. 环境政策微观剖析和数理统计分析，城市环境，2002，4：42-47.

[14] 胡涛，等. 我国对外贸易的资源环境逆差分析。中国人口、资源与环境，2008，18（2）.

[15] 柯坚. 欧洲联盟环境与发展综合决策的政策演变与立法框架，世界环境，2001，1：17-18.

[16] 李春顶. 境外经贸合作区建设与我国企业“走出去”.中国投资，2008（8）：64-66.

[17] 李辉. 发展中国家对外直接投资决定因素研究. 北京：中国人民大学出版社，2008.

[18] 李辉. 发展中国家对外直接投资决定因素研究. 北京：中国人民大学出版社，2008.

[19] 李瑞民. 国际项目融资中的环境与社会标准：赤道原则（EB/OL）.《WTO 经济导刊》.http：//chinawto.mofcom.gov.cn/article/by/ca/200707/20070704946197.html.

[20] 李文华，李芬，李世东，等. 森林生态效益补偿的研究现状与展望.自然资源学报，1993，8（2）：677-687.

[21] 李文青，许明祥. 浅谈战略环境影响评价. 电力环境保护，2002，18（1）：38-40.

[22] 龙凤，葛察忠，高树婷，黄国忠. 我国环境管理引进自愿手段的法律基础分析[J]. 环境科学管理，2007，32（1）：35-29.

[23] 龙凤，葛察忠，钟晓红，杨琦佳，夏友富. 中国对外投资和援助中的环境保护[J]. 环境保

护，2009，411（1）：66-68.
[24] 马中. 环境与自然资源经济学概论（第二版）. 北京：高等教育出版社，2006：37-48.
[25] 米歇尔•陈-菲谢尔.中国的银行到了该“绿化”的时候（OL）.http：//www.chinadialogue.net/article/show/single/ch/644-Chinese-banks-time-to-go-green.
[26] 彭海珍，任荣明. 环境政策工具与企业竞争优势. 中国工业经济，2003，7：75-82.
[27] 秦艳红，康慕谊. 国内外生态补偿现状及其完善措施. 自然资源学报，2007，22（4）：558-567.
[28] 曲格平. 从项目评价到战略评价. 中国环保产业，2003（1）：10-11.
[29] 商务部. 在危机中捕捉机遇，加快实施“走出去”战略——2009 商务形势系列述评之三. http：//www.mofcom.gov.cn/article/zhengcejd/bq/bv/200912/ 20091206689543.html.
[30] 世界银行，《世界银行业务手册——业务政策 OP4.01》.1999 年 1 月.
[31] 世界银行行长.中国给非洲穷国贷款无视“赤道原则”（OL）. 搜狐财经，2006-10-24.
[32] 宋晓玲. 世界主要金融机构融资环保政策：标准、实践与趋势. 2008 年 2 月.
[33] 苏继新，刘春博. 国外战略环评的实践与进展.山东环境，2002，（2）：15-16.
[34] 王新新，杨德锋. 企业社会责任研究. 工业技术经济，2007，26（4）：16-20.
[35] 吴婧，姜华. 我国战略环境评价能力建设综述. 环境评价，2006，1b：44-47，51.
[36] 夏光. 环境政策创新：环境政策的经济分析. 北京：中国环境科学出版社，2001，58-107.
[37] 夏光. 中日环境政策比较研究. 北京：中国环境科学出版社，2000，1-111.
[38] 薛成容. 树立可持续发展理念自觉实践绿色金融. 福建金融，2008.3.
[39] 闫志刚，曹仲宏. 我国战略环境评价及其实施的重要性. 铁道劳动安全卫生与环保，2002，29（5）：234-235.
[40] 羊子林. 加强出口信用业务合作 促进亚洲国家共同发展. 2004 年 5 月 11 日.
[41] 杨从明. 浅论生态补偿制度建立与原理. 林业与社会，2005，13（1）：7-12.
[42] 杨光梅，闵庆文，李文华，等. 我国生态补偿研究中的科学问题. 生态学报，2007，27（1）：4289-4300.
[43] 杨建清. 中国对外直接投资：理论、实证与战略. 北京：知识产权出版社，2007.
[44] 杨莉娟. 对中国企业社会责任的思考. 山西财政税务专科学校学报，2007，9（2）：33-35.
[45] 詹佳嘉. 论生态补偿制度. 科技信息，2006，12：232-233.
[46] 张长龙. 金融机构的企业社会责任基准：赤道原则. 国际金融研究，2006.6.
[47] 张诚谦. 论可更新资源的有偿利用. 农业现代化研究，1987，5：22-24.
[48] 张俊娜. 企业社会责任研究评析. 河北企业，2007，5：36-37.
[49] 张世国. 发展境外经贸合作区建设的几点设想. 大经贸，2007（1）：20-21.
[50] 郑怡雯. 关于生产守则. http：//www.csrshe.com/info/379-1.htm.
[51] 中国环境与发展国际合作委员会，世界自然基金会. 2008 中国生态足迹报告，http：//www.footprintnetwork.org/images/uploads/China_Report_zh.pdf.
[52] 安邦集团. 中国企业走出去要避免巨额环境风险.《战略观察》第 132 期.

[53] 周一虹，陈文文. 企业环境信息披露与绿色信贷[J]. 绿色财会，2007，9：49-52.

[54] 朱坦. 战略环境评价. 天津：南开大学出版社，2005：18-19.

[55] 《中国银行业监督管理委员会 2007 年报》（OL）.http：//www.cbrc.gov.cn.

[56] 《中国银行业监督管理委员会 2008 年报》（OL）.http：//www.cbrc.gov.cn.

[57] Lewis Williams.国际先进银行可持续的金融实践（OL）.2007“节能中国”高层论坛暨“绿色信贷”创新研讨会演讲.http：//bank.money.hexun.com/ 5111_2598190.shtml.

[58] 2007OECD 中国环境绩效评估报告.

[59] AFSC and the Rivers Coalition in Cambodia，“Before the Dam”，Phnom Penh，2008.

[60] Albert F. Appleton，How New York City Used an Ecosystem Services Strategy Carried out Through an Urban-Rural Partnership to Preserve the Pristine Quality of Its Drinking Water and Save Billions of Dollars，2002.

[61] Albert F. Appleton，How New York City Used an Ecosystem Services Strategy Carried out Through an Urban-Rural Partnership to Preserve the Pristine Quality of Its Drinking Water and Save Billions of Dollars，2002.

[62] Carroll，Archie B. A three - dimensional conceptual model of corporate performance. Academy of Management Review，1979，4（4）：497-505.

[63] CEPA，Sekong River-Basin Livelihood Study in Northeast Cambodia，Phnom Penh，2007.

[64] Equator Principles Celebrate Five Years of Positive Environmental Impact and Improved Business Practices（OL）.http：//www.equator-principles.com.

[65] Hansen Stein，Henirk Lindhjem and Haakon Vennemo. On Payments to Poor Stakeholders for Sustainable Use of Protected Areas，China's Protected Areas，Beijing：Tsinghua University Press，2004：481-486.

[66] Herzog F，Dreier S，Hofer G，et al.. effect of ecological compensation areas on floristic and breeding bird diversity in Swiss agricultural landscapes. Agriculture. Ecosystems and environment，2005，108：189-204.

[67] KFW Bankengruppe. environmental report 2003（OL）. http：//www.kfw.de.

[68] Murdiyarso，D.，van Noordwijk，M.，Puntodewo，A.，Widayati，A. and Lusiana，B，2008. District scale prioritization for A/R CDM project activities in Indonesia in line with sustainable development objectives. Agriculture Ecosystems and Environment 126：59-66.

[69] Pedro J Moreno，Bhiksha Raj，Richard M. Stern. Data-driven environmental compensation for speech recognition. Speech Communication，1998，24：267-285.

[70] Ruud Cuperus，Kees J. Canters，Annette a G Piepers. Ecological compensation of the impacts of a road. Preliminary method for the A50 road link（Eindhoven-oss，the Netherlands）. Ecological engineering，1996，（7）：327-349.

[71] UNCTAD，World Invesement Report，2000-2009，WWW.UNCTAD.org.

[72] WisdomZhi，Douglas Whitehead. 中国 FDI 的国际竞争力与环境保护责任[J]. 经济研究导